职业教育技能型人才培养"十二五"规划教材
国家级中等职业教育改革发展示范校建设项目成果
国家示范性中等职业学校电子技术应用重点支持专业建设教材

弱电工程技术

主　编　冯　松
副主编　肖振华
参　编　郭建富　彭　露　刘　蓉
主　审　张万春　徐国强　张世强

U0205628

西南交通大学出版社
·成　都·

内容介绍

本书包括会议室语音系统安装与维护、室内视频监控系统安装与维护、计算机室网络工程安装与维护共 3 个学习任务。全书分成两个部分：上篇是 3 个学习任务的任务书，下篇是 3 个学习任务的参考资料。其内容涵盖了语音设备、视频监控设备、网络设备的识别与检测、音频线缆、视频线缆、网络线缆的制作与选用、弱电工程项目设计与施工等方面的知识和技能。另外还融入了 Visio 2007 计算机绘图软件的操作方法。任务设计主要以常见的语音、视频监控以及网络三大弱电工程项目为载体，从简单到复杂，由易到难，既注重通用性，又注重实用性。其中还穿插了一些新技术、新材料、新产品和新工艺。既遵循学生的认知规律，又遵循技能人才的培养规律。

本书编写体例新颖，充分体现了以能力培养为目标、以学习任务为引领、以工作过程为主线的工学一体化课程设计理念，可供中等职业学校电子信息类和机电类专业学生使用，也可供相关专业从业人员学习参考。

图书在版编目（CIP）数据

弱电工程技术 / 冯松主编. —成都：西南交通大学出版社，2014.6
职业教育技能型人才培养"十二五"规划教材
ISBN 978-7-5643-3046-0

Ⅰ.①弱… Ⅱ.①冯… Ⅲ.①房屋建筑设备—电气设备—建筑安装—中等专业学校—教材 Ⅳ.①TU85

中国版本图书馆 CIP 数据核字（2014）第 089155 号

职业教育技能型人才培养"十二五"规划教材

弱电工程技术

主编 冯 松

*

责任编辑 李芳芳
特邀编辑 田力智
封面设计 原谋书装

西南交通大学出版社出版发行
四川省成都市金牛区交大路 146 号 邮政编码：610031
发行部电话：028-87600564
http://press.swjtu.edu.cn
成都蓉军广告印务有限责任公司印刷

*

成品尺寸：185 mm×260 mm 印张：15.75
字数：389 千字
2014 年 6 月第 1 版 2014 年 6 月第 1 次印刷
ISBN 978-7-5643-3046-0
定价：38.00 元

职业教育技能型人才培养"十二五"规划教材
编审委员会名单

主 任　张万春

副主任　徐国强

委 员　（排名不分先后）

张世强	潘　红	李剑华	冯　松
王　涛	欧　环	钟富昌	邓晓梅
吴忠民	石　靖	陈　果	肖振华
李数函	杨　青	郭建富	张　铠
龙　毓	彭　露	郭　意	郑　婷
文晓琴	罗　丹	罗　莉	王秋菊
刘　娜	张　倩	钟邦海	杨　帆
任　亮	荣　平	田青青	林海幂
王　燃	李　猷	宁贵敏	陈章龙
宁　罡	刘　蓉		

序

  为贯彻落实《国家中长期教育改革和发展规划纲要（2010—2020 年）》关于加强职业教育基础能力建设的要求，根据《教育部人力资源社会保障部财政部关于实施国家中等职业教育改革发展示范学校建设计划的意见》（教职成〔2010〕9 号）和《国家中等职业教育改革发展示范学校建设计划项目管理暂行办法》（教职成〔2011〕7 号）的精神，结合中等职业学校电子技术应用专业实际，将电子技术应用专业建设成国家中等职业学校示范性重点专业，成都市高级技工学校电子信息工程系按照一体化课程试点的指导思想编写了本套教材。

  国家示范性中等职业学校电子技术应用重点支持专业建设教材，是在"以市场为导向、以技能为核心、以就业为生命"的办学理念的指导下，为深化办学模式、培养模式、教学模式和评价模式改革，推进校企合作、工学结合、顶岗实习，提高教学教研质量，创新教育内容，深化教学内容改革，适应区域经济发展、产业调整升级、企业岗位用人和技术进步的需求而开发的。本套教材将为电子行业高素质技能型人才培养提供有力的支撑。

  本套教材体系是成都市高级技工学校汇聚我国西南地区行业（企业）专家、课程开发专家及全国职业教育、技工教育培训的高端资源，历时两年，坚持理论与实践相结合、国内经验与国外借鉴相结合的原则，组织开发而形成的一体化课程体系成果，这也是推进校企合作、工学结合技能型人才培养模式迈向更深层次的重要标志。

  本套教材体系的创新性，一方面在于坚持以职业活动为导向，以国家职业标准和岗位需求为依据，将电子企业实际岗位的典型工作任务作为教学内容，运用工作过程系统化进行教学，实现电子技术应用高素质技能型人才的培养；另一方面，在于打破了原文化基础课、专业基础课、专业课的旧课程体系，构建了以职业能力为核心，以职业活动为导向，以提高从业人员方法能力、社会能力及核心技能为目标的新课程体系。

  借此机会，向所有参与教材编审的专家和老师表示衷心的感谢！

2014 年 3 月

前　言

本书是依据教育部、人力资源与社会保障部、财政部三部委"关于实施国家中等职业教育改革发展示范学校建设计划的意见"，以"人才培养对接用人需求，专业对接产业，课程对接岗位，教材对接技能"为切入点，深化教学内容改革创新，在深入行业企业调研和实践专家访谈的基础上，参照成都市高级技工学校电子技术应用专业人才培养方案和一体化课程标准进行编写的。

"弱电工程技术"既是中等职业学校电子信息类专业的一门专业核心课程，又是一门以典型产品为载体、以学习任务为驱动、以工作过程为主线的一体化课程。通过本课程的学习，既培养学生对语音、视频监控、网络等设备的识别与检测，音频线缆、视频线缆、网络线缆的制作与选用，弱电工程项目设计与施工等方面的专业能力，又培养学生自主学习、团队合作、与人交流及计算机绘图等方面的综合职业能力。

本书具有以下鲜明特色：

1. 贴近岗位能力需求。根据对专业所涵盖的职业岗位群进行工作任务和职业能力分析，以岗位职业能力需求为依据，遵循学生的认知规律和技能人才的培养规律，紧密结合电工职业资格证的技能要求，确定本教材的学习任务和教学内容。

2. 注重学习任务选取。在学习任务的选取上充分考虑到技能的通用性、实用性和趣味性。全书共设有会议室语音系统安装与维护、室内视频监控系统安装与维护和计算机室网络工程安装与维护共3个学习任务。内容涵盖了计算机网络基础，语音设备、视频监控设备、弱电线缆选用与制作，弱电工程项目设计与施工等方面的专业知识和基本技能。

3. 教材编写体例新颖。本书以学习任务形式来组织教材内容，共分成两个部分：上篇是学习任务书，下篇是学习参考资料。学习任务书包含6个学习活动，每个学习活动包含学习目标、建议学时、知识准备、学习过程、任务评价等若干模块。学习参考资料是学生为完成学习任务、达到相应学习目标而准备的参考性学习材料。

4. 全面培养学生能力。本书注重学生专业能力与职业通用能力的结合，通过知识准备培养学生的自主性学习和探究式学习能力；通过任务实施、成果展示、工作总结培养学生与人交流、与人合作和解决问题的能力；通过制订计划、决策施工方案培养学生组织管理与协调的能力。

5. 跨学科式综合教材。本书打破了传统学科式课程界限，以学习任务为中心确定学习目标，组织教学内容。全书既注重专业知识与学习任务的关联性、必要性，又注重知识和技能的层次性和系统性。同时，除了通用知识和技能外，部分学习任务中还包含新技术、新知识、新工艺或新材料的学习与应用。

本书由冯松担任主编，负责课程框架设计、标准制定、样张编写以及统稿工作；肖振华担任副主编，负责稿件收集、整理工作；张万春、徐国强、张世强担任主审，负责全书的校对、评审工作；彭露、郭建富参编。其中，学习任务1由彭露、冯松编写，学习任务2由郭建富编写，学习任务3由肖振华编写。在本书的编写过程中，还得到了吴莹等老师的大力帮助，以及我校12级五高电子技术应用1班全体同学给予了大量协助工作。本书编写中参阅了多种同类教材和相关资料，引用了网上部分图片资料，在此向所有这些资料的作者表达感谢。在编写工程中，得到了成都物联网产业发展联盟秘书长、高级工程师李俊华同志的指导和帮助，在此一并致以诚挚的感谢。

由于编写时间仓促，加之编者水平有限，教材中难免存在不足之处，敬请广大读者予以批评指正。

建议本教材教学学时数如下表所示。由于地区差异性较大、学校教学条件不同、学生文化基础不同，具体的学时数可由任课教师根据本校的实际情况作适当调整。

序号	学习任务名称	学时数	备注
1	学习任务1：会议室语音系统安装与维护	54	
2	学习任务2：室内视频监控系统安装与维护	54	
3	学习任务3：计算机室网络工程安装与维护	54	
4	合　计	162	

作　者

2014年2月

目 录

上篇　学习任务书

下篇　学习参考资料

上 篇

学习任务书

学习任务 1　会议室语音系统安装与维护

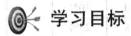 学习目标

1. 能阅读学习任务描述，明确任务要求，并填写会议室语音系统安装工作单。
2. 能认知会议系统的发展历程、系统组成、应用领域及设计要求。
3. 能认知弱电线缆及接插件的类型、规格、选用及线缆制作方法。
4. 能认知麦克风、调音台、功放机、投影仪等音视频设备的类型、规格及功能。
5. 能完善会议室语音系统的工作计划并决策出最佳施工方案。
6. 能识读并会议室语音系统安装工程图，并列出主要设备清单。
7. 会用 Visio 2007 绘图软件绘制会议室语音系统安装工程图。
8. 会选用和使用语音系统安装相关的弱电线缆、调音台、功放机、音箱等设备。
9. 会使用剥线钳等安装工具，按计划和施工方案进行线缆的穿管和连接。
10. 能按照安全操作规程，完成会议室语音系统安装、调试和交付验收。
11. 会按生产现场管理 6S 标准，清理现场垃圾并整理现场。

 学习任务描述

　　某学校准备装修 1 间带语音系统的多功能会议室，供学校教职工召开日常工作会议和开展学术交流使用。现装修公司已完成前期墙面埋管和装修任务，需要同学们在 3 周时间内完成语音和视频线缆的穿管、语音及投影设备安装、线缆制作与连接以及系统调试任务。系统安装完毕后，能正常播放语音及视频节目，达到视频图像清晰、无重影、视觉效果好，声音立体感强、无噪声、无啸叫声。设备性能良好，价格合理。主要设备有：调音台 1 套、功放机 1 台、有线和无线麦克风各 1 个、无线音频接收机 1 台、无源音箱 4 只以及音频线缆若干。

 活动安排及建议

　　根据会议室语音系统安装与维护任务工作需要，为了达成以上学习目标，将该任务分为 6 个具体的学习活动来实施，并对教学地点、学时安排及评价权重做如表 1.0.1 所示建议。

表 1.0.1　任务实施流程及教学建议

任务实施地点	电子产品组装学习工作站			
实施流程	学习活动内容	学时	权重	备注
学习活动 1	明确任务要求并认知会议系统	4	10%	
学习活动 2	完善计划与施工方案并认知弱电线缆	6	15%	
学习活动 3	识读语音系统安装图并认知语音设备	10	20%	
学习活动 4	用 Visio 2007 绘图软件绘制语音系统接线图	10	20%	
学习活动 5	会议室语音系统硬件安装与调试	18	25%	
学习活动 6	会议室语音系统交付验收与系统维护	6	10%	
合　计		54	100%	

学习活动 1　明确任务要求并认知会议系统

学习目标

1. 能理会会议系统的发展历程和组成结构。
2. 能理会会议系统的类型和智能多媒体会议系统的设计。
3. 能正确阅读学习任务描述，并将文字内容转化成工作单。

建议学时

4 学时

知识准备

💻咨询：自主学习《会议室语音系统安装与维护》参考资料 1.1，或上网查询相关资料，在实训报告册上回答以下问题：

1. 会议系统包括哪些功能？它主要应用于什么领域？
2. 会议系统发展经历了哪几个阶段？每个阶段的特点是什么？
3. 会议系统按设备配置可以分为哪两种类型？每种类型的特点是什么？
4. 智能多媒体会议系统在设计时主要考虑哪几大子系统？

学习过程

一、任务准备

1. 教师准备：《会议室语音系统安装与维护》电子教案、教学课件、教学案例等教学资源各 1 份。

2. 学生准备：《弱电工程技术》教材 1 本、实训报告册 1 本、学习用品 1 套、清洁抹布 1 块等。

二、任务实施

1. 填写工作单。

认真阅读学习任务描述，明确任务要求，并填写《会议室语音系统安装与维护工作单》，如表 1.1.1 所示。

表 1.1.1　会议室语音系统安装与维护工作单

任务名称			接单日期	
工作地点			任务周期	
工作内容				
提供材料				
产品要求				
客户姓名		联系电话	验收日期	
团队负责人姓名		联系电话	团队名称	
备　注				

2. 学习参考资料 1.1，认知会议系统的组成和作用，并完成下面空白部分的填写。

（1）最基本的会议系统是由＿＿＿＿、＿＿＿＿＿、＿＿＿＿＿、＿＿＿＿＿（如桌面智能终端、液晶显示器）等设备的组合而成。它们起到了＿＿＿＿＿，＿＿＿＿＿和＿＿＿＿＿的作用，达到能看、能听、能说话。

（2）现代会议系统包括了＿＿＿＿＿＿、远程视像、＿＿＿＿＿＿、＿＿＿＿＿＿、桌面显示，同时衍生了一系列的相关设备，比如中控、温控制、＿＿＿＿＿＿、声音控制、电源控制等。

3. 学习参考资料 1.1，认知会议系统的不同类型及应用场合，并完成下面空白部分的填写。

（1）会议系统按计算机设备可以划分为＿＿＿＿＿＿＿＿和＿＿＿＿＿＿＿＿两种类型。其中，电视会议是一种用于会议用途的电视系统，传送的主要是＿＿＿＿＿，也可以用传真机和资料摄像机等辅助设备传送＿＿＿＿＿＿。电视会议终端一般安装在专用会议室内，用于＿＿＿＿＿。

（2）会议系统按信息流形式可以划分为音频图形会议系统、＿＿＿＿＿＿、数据会议系统、＿＿＿＿＿＿和虚拟会议系统五种类型。

4. 学习参考资料 1.1，认知智能多媒体会议系统各子系统的组成，并完成下面空白部分的填写。

（1）音响扩声系统主要由三大部分组成：_____、_____（调音台）、扬声器系统。

（2）会议发言系统包括_____系统、_____系统和_____系统。

（3）投票表决系统主要设备包括_____、_____、代表身份管理器和_____。

5. 学习参考资料 1.1，或查询相关资料，观察图 1.1.1，在图片编号后面写出该图片所属会议系统的类型。

（a）_____ 　　　　　　　（b）_____

图 1.1.1　常见的会议系统

6. 撰写会议通知

事件描述：某班班主任准备本周五下午 2:00 组织全班同学，在电子产品学习工作站召开有关节假日期间人身和财产安全的会议，请你代他在下面的公告板中写一份会议通知。

会议通知

根据每个小组成员在本任务学习过程的表现，按劳动组织纪律、职业道德及素养和专业知识及技能三个方面填写《学习任务过程性考核记录表》，见附录 1。

学习活动 2　完善计划与施工方案并认知弱电线缆

学习目标

1. 能识别常见音视频线缆接插头的分类、型号规格和功能。
2. 能理会音频线缆的分类、型号规格、组成和应用领域。
3. 能理会不同用途的音频线缆的制作步骤和方法。
4. 能按照正确工艺规范制作不同用途的音频线缆。
5. 能完善并展示会议室语音系统安装与维护工作计划和施工方案。

建议学时

6 学时

知识准备

💻咨询：自主学习《会议室语音系统安装与维护》参考资料 1.2，或上网查询相关资料，在实训报告册上回答以下问题：

1. 音频信号根据阻抗的不同可以分为哪两种类型？哪些设备输出非平衡信号？
2. 平衡插头和非平衡插头的区别是什么？常见的平衡插头有哪些？
3. 常见的音频线缆有哪些类型？话筒线和音频连接线在组成结构上有何区别？
4. 音频线缆制作时需要准备哪些工具和材料？每种工具的作用是什么？
5. 卡侬（平衡）线主要用于什么场合？请简述卡侬线的制作步骤。

学习过程

一、任务准备

1. 教师准备：《会议室语音系统安装与维护》电子教案、教学课件、教学案例等教学资源各 1 份。常用音频线制作工具及材料若干（注：具体数量根据班上学生人数确定）。
2. 学生准备：《弱电工程技术》教材 1 本、实训报告册 1 本、学习用品 1 套、清洁抹布 1 块等。

二、任务实施

1. 根据本任务学习的具体日期，在教师的指导下，理会并完善《会议室语音系统安装与维护工作计划表》，如表 1.2.1 所示。
2. 根据本任务工作计划的时间及内容安排，合理进行任务分配，明确各成员具体职责，在教师的指导下确定实施方案，如表 1.2.2 所示。

表 1.2.1　会议室语音系统安装与维护工作计划表

团队名称		团队编号			任务名称			
序号	计划名称	工作内容	工作任务日期 起—止		预计施工日期	预计工时	备注	
1	明确任务要求并认知会议系统							
2	完善计划与施工方案并认知弱电电线缆							
3	识读语音系统安装图并认知语音设备							
4	用 visio 2007 绘图软件绘制语音系统接线图							
5	会议室语音系统硬件安装与调试							
6	会议室语音系统交付验收与系统维护							

制订计划人签名：

器材名称：

教师审核意见：

教师签名：

表 1.2.2 会议室语音系统安装与维护施工方案

任务名称						
		工作任务日期起——止		施工日期		
序号	安装步骤	具体工作内容	所需资料、材料及工具	责任人	参与人员	
1	领用材料和工具	填写材料领用单，领用并清点所领用材料和工具的数量，检测其好坏	材料领用单			
2						
3						
4						
5						
6	会议室语音系统简单故障处理	分析故障现象，找出故障原因，排除故障点，语音系统能正常使用				

教师审核意见：

决策人签名：

教师签名：   年   月   日

3. 观察图 1.2.1，在其编号后面的横线上写出音视频接插头的名称和类型（平衡还是非平衡）。

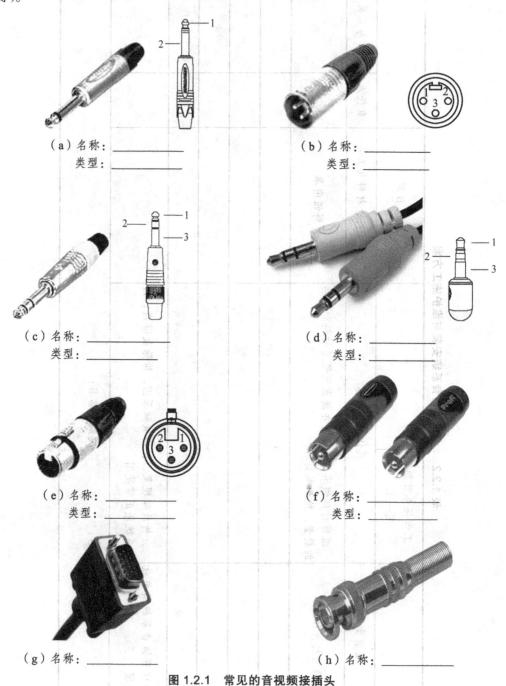

（a）名称：_____　　　　　　（b）名称：_____
　　 类型：_____　　　　　　　　　 类型：_____

（c）名称：_____　　　　　　（d）名称：_____
　　 类型：_____　　　　　　　　　 类型：_____

（e）名称：_____　　　　　　（f）名称：_____
　　 类型：_____　　　　　　　　　 类型：_____

（g）名称：_____　　　　　　（h）名称：_____

图 1.2.1　常见的音视频接插头

4. 观察图 1.2.2，在其编号后面的横线上写出音视频线缆的名称，在方框中写出该线缆的组成结构。

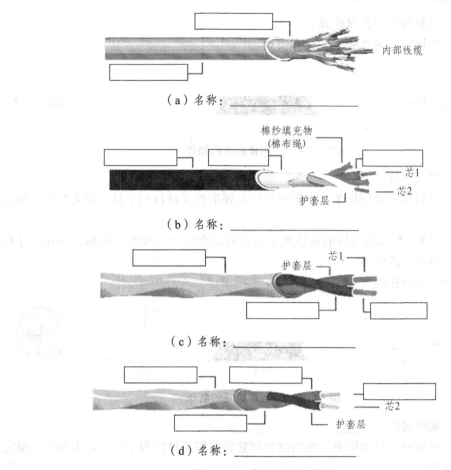

内部线缆

（a）名称：＿＿＿＿＿＿＿＿＿＿

棉纱填充物
（棉布绳）

芯 1

芯 2

护套层

（b）名称：＿＿＿＿＿＿＿＿＿＿

护套层　芯 1

（c）名称：＿＿＿＿＿＿＿＿＿＿

芯 2

护套层

（d）名称：＿＿＿＿＿＿＿＿＿＿

图 1.2.2　常见的音频线缆

5. 观察图 1.2.3，在其编号后面的横线上写出所制作的音频线缆的名称、类型和步骤，并在指导教师出领取工具和材料制作该线缆。

（1）写出图中所制作的音频线名称和类型。

屏蔽层　　　　　　　　　　　屏蔽层

卡侬公头　　　芯 1　　　　　　　　　　　芯 1　　　卡侬母头

芯 2　　　　　　线材　　　　芯 2

图 1.2.3　常用音频线的制作

所制作的音频线名称：＿＿＿＿＿＿＿＿＿＿＿＿＿＿；类型：＿＿＿＿＿＿＿＿＿＿。

（2）按上述音频线的制作工艺给下面的制作步骤进行编号。

（　）拆卡侬头、黏锡；　　　　　　（　）将线缆和卡侬头引脚进行焊接；

（　）线缆线芯黏锡；　　　　　　　（　）剥去线缆的护套层。

（3）请填写材料和工具领用单，在指导教师处领取相关材料和工具，每人制作一根卡侬线。

6. 观察图 1.2.4，在其编号后面的横线上写出所制作的音频线缆的名称、类型，并在指导教师出领取工具和材料制作该线缆。

（1）写出图中所制作的音频线名称和类型。

图 1.2.4　常用音频线的制作

所制作的音频线名称：_____；类型：_____。

（2）请填写材料和工具领用单，在指导教师处领取相关材料和工具，每人制作一根大三芯音频线。

7. 观察图 1.2.5，在其编号后面的横线上写出所制作的音频线缆的名称，并在指导教师出领取工具和材料制作该线缆。

（1）写出图中所制作的音频线名称

图 1.2.5　常用音频线的制作

所制作的音频线名称：_____。

（2）请填写材料和工具领用单，在指导教师处领取相关材料和工具，每人制作一根大三芯对卡侬头音频线。

8. 请按图 1.2.6 所示的连接方式，在指导教师处领取相关材料和工具，每人制作一根大二芯对莲花头的非平衡音频线。

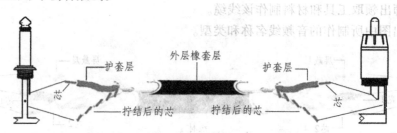

图 1.2.6　制作大二芯对莲花头非平衡音频线

任务评价

根据每个小组成员在任务学习过程中的表现情况，按劳动组织纪律、职业道德及素养和专业知识及技能三个方面如实填写《学习任务过程性考核记录表》，见附录 1。

学习活动 3　识读语音系统安装图并认知语音设备

学习目标

1. 能理会话筒的分类、功能和主要特性。
2. 能理会音箱的类型、组成、功能和摆放方式、方法。
3. 能理会调音台的组成、类型、功能和使用方法。
4. 能正确识别各种常见的音视频设备的型号和规格。

建议学时

10 学时

知识准备

　　咨询：自主学习《会议室语音系统安装与维护》参考资料 1.3，或上网查询相关资料，在实训报告册上回答以下问题：

1. 话筒的主要功能是什么？动圈式话筒和电容式话筒有何区别？
2. 音箱是由哪几个部分组成？分频器的主要作用是什么？
3. 中置声道音箱和左右声道音箱在摆放时有哪些技巧？
4. 什么是调音台？它有哪四个主要功能？
5. 功放机的作用是什么？按不同的方式有哪些类型？

学习过程

一、任务准备

　　1. 教师准备：《会议室语音系统安装与维护》电子教案、教学课件、教学案例等教学资源各 1 份。麦克风、功放机、调音台等常用音视频设备每个学习小组 1 套。

　　2. 学生准备：《弱电工程技术》教材 1 本、实训报告册 1 本、学习用品 1 套、清洁抹布 1 块等。

二、任务实施

　　1. 识别图 1.3.1 中的各种图片，将各音视频设备的名称写在图片编号后面的横线上。

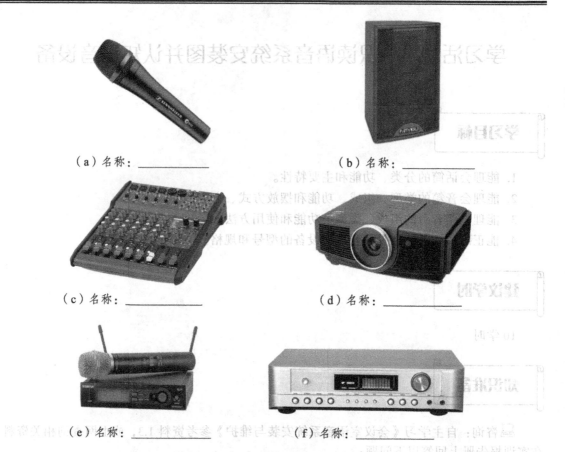

（a）名称：＿＿＿＿＿＿　　　　　　　　　（b）名称：＿＿＿＿＿＿

（c）名称：＿＿＿＿＿＿　　　　　　　　　（d）名称：＿＿＿＿＿＿

（e）名称：＿＿＿＿＿＿　　　　　　　　　（f）名称：＿＿＿＿＿＿

图 1.3.1　识别常见音视频设备

2. 识读某会议室的音视频系统连接图，如图 1.3.2 所示。并上网查询相关设备的型号、规格，在表 1.3.1 中填写该系统的设备清单。

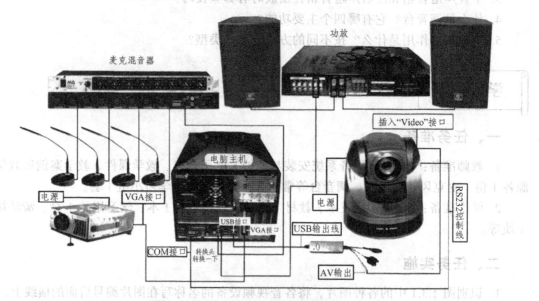

图 1.3.2　某会议室音视频系统连接图

表 1.3.1　会议室音视频系统设备清单

序号	设备名称	型号、规格	数量	备注
1				
2				
3				
4				
5				
6				
7				
8				

3. 请认真识别某品牌调音台的外观，如图 1.3.3 所示，将部分按键的功能填写在对应的方框中。

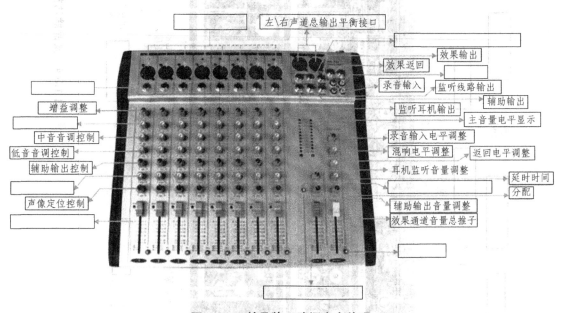

图 1.3.3　某品牌 8 路调音台外观

4. 请认真识别某品牌功放机后面板的外观，如图 1.3.4 所示，将部分按键的功能填写在对应的方框中。

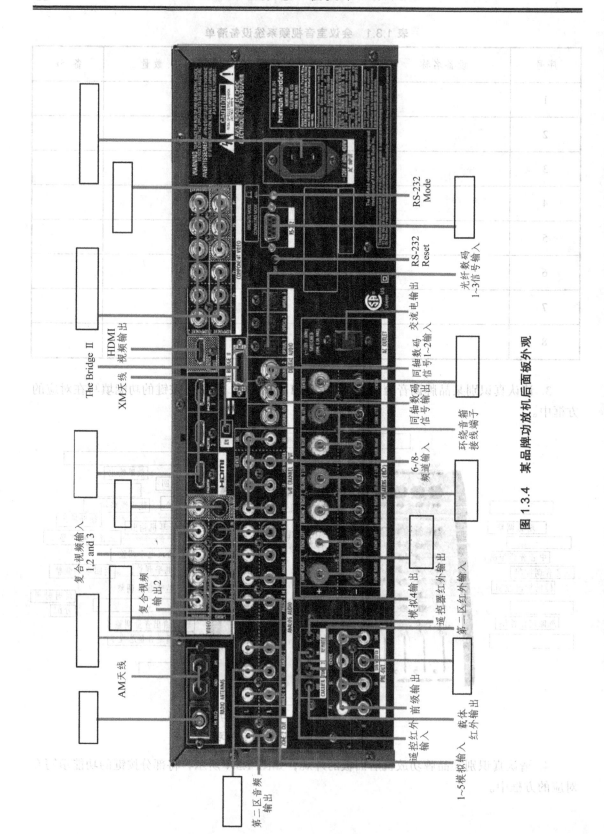

图 1.3.4　某品牌功放机后面板外观

5. 本次学习任务要安装的小型会议室语音系统连接图，如图 1.3.5 所示。请认真识别，在表 1.3.2 中填写元器件清单。并上网查询每个语音设备的型号、规格。

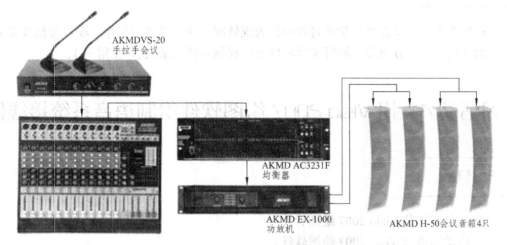

图 1.3.5　小型会议室语音系统连接图

表 1.3.2　小型会议室音视频系统设备清单

序号	设备名称	型号、规格	数量	备　注
1				
2				
3				
4				
5				
6				
7				
8				

6. 学习参考资料 1.3，请用画线的方式将音箱的摆放方法与对应的摆放描述连接起来。

方法：三三一比例法

方法：长后墙摆法

方法：贴墙摆法

方法：三一七比例法

（1）摆法：将房间长度均分为三等分（三），音箱摆在三分之一长度处（一），二音箱之间的间隔为房间三分之二长度的0.7倍（七）

（2）摆法：将房间长度均分为三等分（三），宽度也均分为三等分（三），音箱摆在长度与宽度的第一等分交点上（一）

（3）摆法：在一个长方形的房间里，一般玩音响的经验，都会以短边为音箱的后墙。但这个"长后墙摆法"却反其道而行，把长边为音箱后墙

（4）摆法：将音箱贴近后墙摆，不论是距离后墙50 cm 或30 cm、20 cm都没关系，自己去调配即可

任务评价

根据每个小组成员在任务学习过程中的表现情况，按劳动组织纪律、职业道德及素养和专业知识及技能三个方面如实填写《学习任务过程性考核记录表》，见附录 1。

学习活动 4　用 Visio 2007 绘图软件绘制语音系统接线图

学习目标

1. 会安装和卸载 Visio 2007 绘图软件。
2. 会启动和退出 Visio 2007 绘图软件。
3. 能认知 Visio 2007 绘图软件的工作界面。
4. 会创建、保存、打开和打印 Visio 2007 绘图文档。
5. 会使用 Visio 2007 绘制流程图和语音系统连接图。

建议学时

10 学时

知识准备

📖咨询：自主学习《会议室语音系统安装与维护》参考资料 1.4，或上网下载相关资料，在计算机上完成以下操作：

1. 在 www.baidu.com 网页中搜索并下载 "Visio 2007 简体中文版"。
2. 安装 "Visio 2007 简体中文版"，输入正确的序列号完成产品注册。
3. 用不同的方式启动和退出 "Visio 2007 简体中文版" 软件，认识其工作界面。
4. 在 E:\本人姓名文件夹下新建、保存和打开一个名为 "操作练习 1.vsd" 绘图文档。
5. 在 "操作练习 1.vsd" 中绘制一个长方形，并进行选择、移动、复制和旋转操作。

学习过程

一、任务准备

1. 教师准备：《会议室语音系统安装与维护》电子教案、教学课件、教学案例等教学资源各 1 份。

2. 学生准备：《弱电工程技术》教材 1 本、实训报告册 1 本、学习用品 1 套、清洁抹布 1 块等。

二、任务实施

1. Visio 2007 绘图软件的工作界面如图 1.4.1 所示，请在方框中写出相应的窗口结构名称。

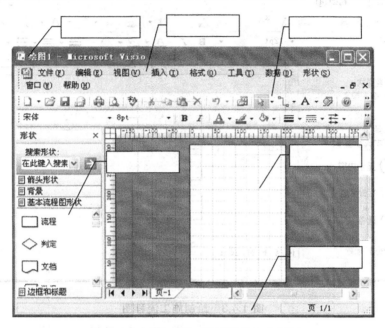

图 1.4.1　Visio 2007 绘图软件工作界面

2. 在"操作练习.vsd"绘图文档中，再绘制一个圆角四边形，如图 1.4.2 所示。并完成两个图形的选定、移动、复制、大小调整、连接和组合等操作。

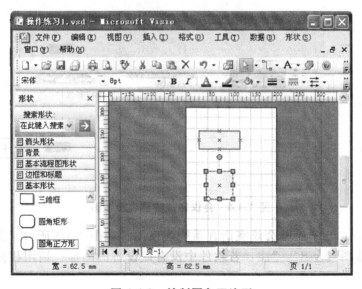

图 1.4.2　绘制圆角四边形

3. 请将你组确定的"会议室语音系统安装与维护施工方案"用 Visio 2007 绘制成施工流程图，文件名为"会议室语音系统安装与维护施工流程图.vsd"，如图 1.4.3 所示。

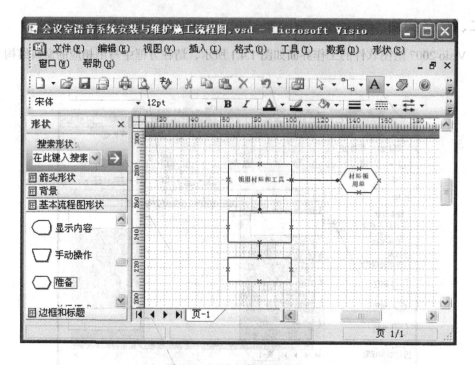

图 1.4.3　绘制施工流程图

4. 请用 Visio 2007 绘制会议室语音系统连接图，如图 1.4.4 所示，文件名为"会议室语音系统连接图 1.vsd"。

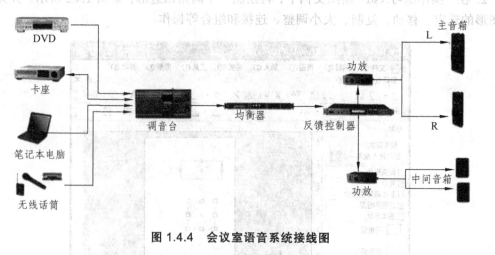

图 1.4.4　会议室语音系统接线图

5. 请用 Visio 2007 绘制会议室语音系统连接图，如图 1.4.5 所示。文件名为"会议室语音系统连接图 2.vsd"。（注：若软件中没有该设备的图标，请用相似的图标或方框代替。）

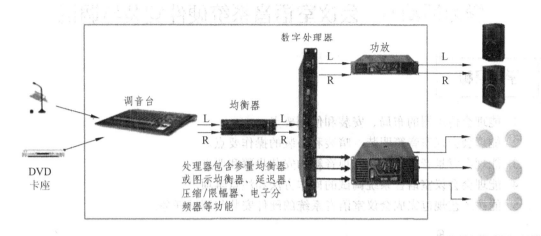

图 1.4.5 会议室语音系统接线图

6. 请用 Visio 2007 绘制小型会议室语音系统连接图，如图 1.4.6 所示。文件名为"会议室语音系统连接图 3.vsd"。（注：若软件中没有该设备的图标，请用相似的图标或方框代替。）

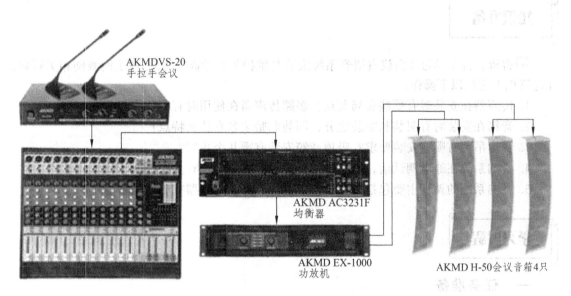

图 1.4.6 小型会议室语音系统接线图

任务评价

根据每个小组成员在任务学习过程中的表现情况，按劳动组织纪律、职业道德及素养和专业知识及技能三个方面如实填写《学习任务过程性考核记录表》，见附录 1。

学习活动 5　会议室语音系统硬件安装与调试

学习目标

1. 能理会传声器的布局、安装和使用要点。
2. 能理会会议室音箱明装、暗装和吊装的操作要点。
3. 能理会背景音乐音箱和吸顶音箱的安装步骤和要点。
4. 能理会会议室语音系统调试的操作方法和注意事项。
5. 能按工艺规范完成会议室语音系统的硬件安装与调试任务。

建议学时

18 学时

知识准备

咨询：自主学习《会议室语音系统安装与维护》参考资料 1.5，或上网查阅相关资料，在计算机上完成以下操作：

1. 传声器在安装时有哪些布局要点？多路传声器在使用时有哪些注意要点？
2. 音箱在安装时有明装和暗装之分，明装和暗装各有什么特点？
3. 音箱吊装有哪些安装要求？吸顶音箱安装有哪几个步骤？
4. 音响系统在通电调试前，管线工程和设备各有哪些检查工作？
5. 音响系统的调试主要包括哪些设备的调试？房间均衡器有哪些调整要点？

学习过程

一、任务准备

1. 教师准备：《会议室语音系统安装与维护》电子教案、教学课件、教学案例等教学资源各 1 份。功放机、调音台、麦克风、投影仪等会议室语音系统每组各 1 套。

2. 学生准备：《弱电工程技术》教材 1 本、实训报告册 1 本、学习用品 1 套、清洁抹布 1 块等。

二、任务实施

1. 识读小型会议室语音系统空间布局图和连接图，明确该系统所包含的设备名称、型号规格、数量及空间布局。

（1）小型会议室语音系统空间布局图，如图 1.5.1 所示。

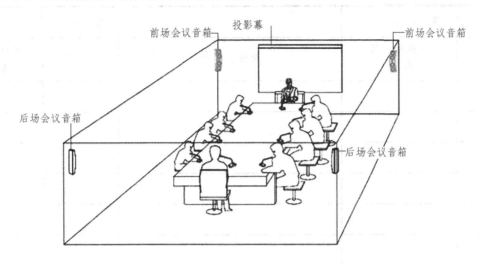

图 1.5.1 小型会议语音系统空间布局

（2）小型会议室语音系统接线图，如图 1.5.2 所示。

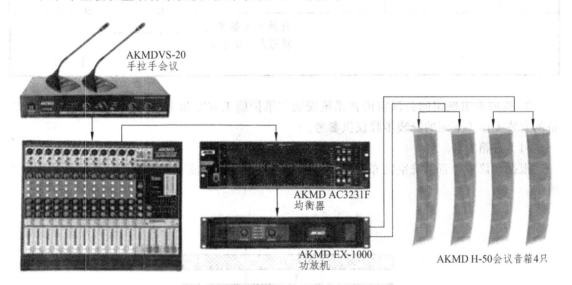

图 1.5.2 小型会议室语音系统接线图

提示：音箱、会议室电脑座、电源座、会议底座和投影仪设备等连接线材集中接入音控室，由音控室统一进行管理控制。

2. 根据上述图纸要求正确填写《会议室音视频系统材料和工具领用单》，如表 1.5.1 所示，并到物料处领用、清点材料。

表 1.5.1　会议室音视频系统材料和工具领用单

序号	材料和工具名 称	规格、型号	数量	目测外观情况
任 务 名 称			指导教师	

发放人（签字）：＿＿＿＿＿＿＿＿＿
领用人（签字）：＿＿＿＿＿＿＿＿＿

年　月　日

3. 按照本组确定的会议室语音系统安装与维护施工方案和工艺要求完成该系统硬件设备的安装工作（下面的安装步骤仅供参考。）

（1）音箱安装。

根据会议室语音系统空间布局图和音箱安装工艺图，完成 4 只音箱的安装，如图 1.5.3 所示。

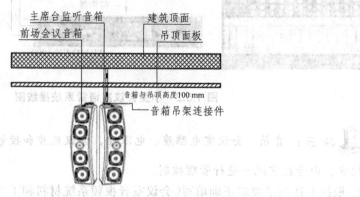

图 1.5.3　会议室音箱安装工艺

（2）投影仪安装。

根据会议室投影仪安装工艺图，完成投影仪和电动幕布的安装，如图 1.5.4 和 1.5.5 所示。

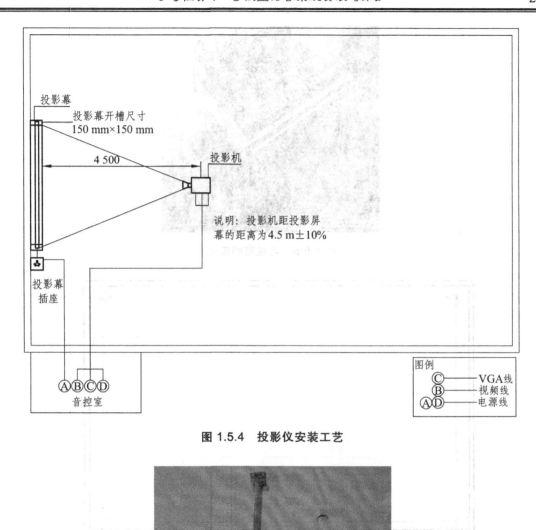

图 1.5.4　投影仪安装工艺

图 1.5.5　投影仪安装效果

（3）音控室安装。

将功放机、均衡器、调音台、无线音频接收机等设备按音控室中机柜的空间布局依次放置到相应位置，如图 1.5.6 所示。

4. 按照会议室语音系统接线图和工艺要求完成该各硬件之间的线路连接工作。（下面的连接步骤仅供参考。）

（1）音箱线的布线与连接。

按会议室音箱线路布置图完成线缆的布线和连接，如图 1.5.7 所示。

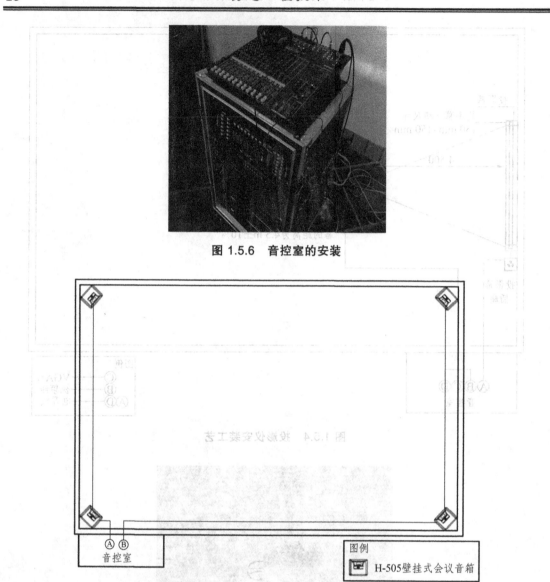

图 1.5.6　音控室的安装

图例　　H-505壁挂式会议音箱

图 1.5.7　音箱线缆布置图

（2）音箱设备的连接。

按会议室语音系统接线图 1.5.2，并查阅各语音设备的使用说明书，完成语音设备之间的线缆连接，如图 1.5.8 所示。

5. 按照会议室音视频系统调试布置和方法，分别完成系统通电前的线路和设备检查，系统通电调试工作，如图 1.5.9 和 1.5.10 所示。

6. 通过以上操作步骤，我们完成了一个小型会议室语音系统安装与调试任务，如图 1.5.11 所示。

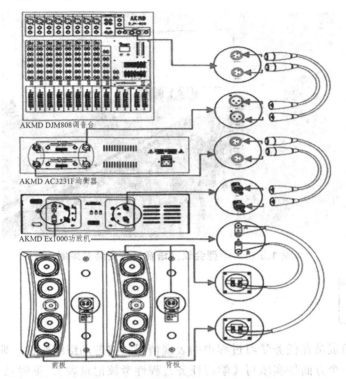

AKMD DJM808调音台

AKMD AC3231F均衡器

AKMD Ex1000功放机

前板　　　　　背板

图 1.5.8　语音设备接线图

图 1.5.9　语音设备的调试

图 1.5.10　投影仪的调试

图 1.5.11　小型会议室语音系统安装效果图

任务评价

根据每个小组成员在任务学习过程中的表现情况，按劳动组织纪律、职业道德及素养和专业知识及技能三个方面如实填写《学习任务过程性考核记录表》，见附录 1。

学习活动 6　会议室语音系统交付验收与系统维护

学习目标

1. 能理会会议室语音系统的运行和维护方法。
2. 能理会会议室系统检修故障要求和常见检修方法。
3. 能按验收标准完成会议室语音系统的交付验收任务。
4. 会按要求撰写工作总结并进行成果展示。

建议学时

6 学时

知识准备

💻咨询：自主学习《会议室语音系统安装与维护》参考资料 1.6，或上网查阅相关资料，在计算机上完成以下操作：

1. 音响系统的保养主要包括哪几个方面？音响设备在维护时有哪些注意事项？

2. 音响设备在使用过程中发生故障时，有哪几种应急处理措施？

3. 音响系统在检修时，对检修人员的理论学习和动手操作有哪些具体要求？

4. 音响系统的故障检测有哪四个步骤？每个步骤的检测重点是什么？

5. 常见音响系统故障的测量法包含哪几种具体的方法？

学习过程

一、任务准备

1. 教师准备：《会议室语音系统安装与维护》电子教案、教学课件、教学案例等教学资源各 1 份。

2. 学生准备：《弱电工程技术》教材 1 本、实训报告册 1 本、学习用品 1 套、清洁抹布 1 块等。

二、任务实施

1. 常见音响系统的故障检修方法主要有直接检查法和测量法两种。请写出直接检查法的主要内容。

（1）眼看：_____
_____。

（2）耳听：_____
_____。

（3）鼻嗅：_____
_____。

（4）触摸：_____
_____。

2. 会议室语音系统交付验收

（1）验收安装成果。

请利用角色扮演法，完成该会议室的交付验收工作，并填写"会议室语音系统验收标准及评分表"，如表 1.6.1 所示。

表 1.6.1　会议室语音系统验收标准及评分表

序号	验收项目	验收标准	配分	客户评分	备注
1	音频线缆制作质量	（1）线缆尺寸的剥削符合要求，不合格，每处扣 2 分 （2）焊接部位牢固，无虚焊，漏焊现象不合格，每处扣 1 分 （3）线体整体美观、无划痕、无擦伤，不合格，每处扣 2 分	15		
2	音频设备安装	（1）音箱、投影仪、电动幕布安装位置正确、牢固，不合格，每处扣 3 分 （2）话筒、功放机、调音台等设备安装位置正确、牢固，不合格，每处扣 2 分	25		

续表 1.6.1

序号	验收项目	验 收 标 准	配分	客户评分	备注
3	线缆布线与连接	（1）音视频线缆布线符合综合布线施工规范，不合格，每处扣2分 （2）线缆与音视频设备连接正确，无松动、接触不良现象，不合格，每处扣2分 （3）硬盘录像机软件使用正常，图像清楚，操作正确，不合格，每处扣2分 （4）作业过程符合6S管理标准，不合格，每处扣3分	25		
4	语音系统功能	（1）语音系统能正常传输音频信号，无噪声和啸叫声，不合格，每次扣5分 （2）视频设备能正常播放视频信号，图像清晰、无重影等，不合格，每次扣5分	20		
5	语音系统简单故障处理	（1）能分析和正确处理语音系统常见的故障现象，不合格，每次扣2分 （2）能正确简述语音系统的保养方法，不合格，每次扣3分	15		
客户对《会议室语音系统安装与维护》任务验收成绩					

（2）验收过程情况记录。

表 1.6.2　验收过程问题记录表

验收问题记录	检修方法	完成时间	备注

（3）交付材料及工具。

表 1.6.3　材料及工具交付验收清单

安装任务名称				安装周期	
安装任务概况					
报装单位				经办人	
单位地址				联系电话	
安装团队				安装负责人	
单位地址				联系电话	
验收结果	主观评价	客观测试	维修质量	材料移交	保修时间
验收结论				交付日期	
报装部门负责人（签字）				安装部门负责人（签字）	

3. 工作总结与展示。

（1）回顾在本次任务的学习过程中，你所学会的专业知识和技能，遇到的问题及解决方法，以及所积累的学习和工作经验，写一篇不少于1 000字的工作总结。

要求：结构完整，重点突出，语言流畅，无错别字。

（2）将你的工作总结制作成一份PPT演示文稿，并进行结合自己的安装成果进行集中展示。

要求：演示文稿文字内容简洁明了，幻灯片页面编辑美观，动画设置生动形象，有很强的吸引力。

4. 应用安装成果。

当会议室语音系统安装完成并交付验收后，请班主任到该会议室召开一次班干部会议，再次验证会议室音视频功能。

任务评价

1. 根据每个小组成员在本任务学习过程的表现情况，按劳动组织纪律、职业道德及素养和专业知识及技能三个方面如实填写《学习任务过程性考核记录表》，见附录1。

2. 根据自己或本组成员在此任务中的表现情况，按照"客观、公正和公平"原则，在教师的指导下按自我评价、小组评价和教师评价三种方式对该教学项目进行综合评价。综合等级按：A（100～90）、B（89～75）、C（74～60）、D（59～0）四个级别进行填写，见表1.6.4。

表 1.6.4　学习任务综合评价表

任务名称	评价内容	配分	评价分数		
			自评	互评	师评
职业素养考核项目40%	劳动保护穿戴整洁	6分			
	安全意识、责任意识、服从意识	6分			
	积极参加教学活动，按时完成学生工作页	10分			
	团队合作、与人交流能力	6分			
	劳动纪律（参照方案中的课堂教学过程管理表）	6分			
	生产现场管理6S标准	6分			
专业能力考核项目60%	专业知识查找及时、准确	12分			
	操作符合规范	18分			
	操作熟练，工作效率	12分			
	成品的验收质量（参照验收标准及评分表）	18分			
总　分					
总　评	自评（20%）+互评（20%）+师评（60%）=		综合等级	教师（签名）：	

注意：本学习活动采用的是过程化考核方式作为学生完成工作任务时的总评依据，请同学们认真对待并妥善保留存档。

学习任务 2 室内视频监控系统安装与维护

学习目标

1. 能阅读学习任务描述，明确任务要求，填写室内视频监控系统安装工作单。
2. 能认知视频监控系统的发展历程、系统组成、应用领域和设计要求。
3. 能认知视频摄像子系统和图像传输子系统的组成结构和工作方式。
4. 能识别视频线缆的型号、规格和规格，正确选用、制作和连接视频线缆。
5. 能认知视频摄像头、硬盘录像机、视频采集卡的类型、规格及主要功能。
6. 能制订工作计划、决策施工方案，并用 Visio 2007 绘制视频监控系统安装图。
7. 能识读室内视频监控系统安装工程图，列出主要设备清单，并进行模拟采购。
8. 会按照工作计划和施工方案，完成基于视频采集卡的监控系统的安装与调试。
9. 会按照工作计划和施工方案，完成基于硬盘摄像机的监控系统的安装与调试。
10. 能按照安全操作规程验证视频监控系统功能，并能进行交付验收和工作总结。
11. 会按生产现场管理 6S 标准，及时清理现场垃圾，工作完成后关闭现场电源。

学习任务描述

   安全防范主要分为人防、物防和技防三种类型，而视频监控是最主要的安全防范技术之一，广泛应用于工农业生产和人们的日常生活中，比如城市天网工程、交通电子眼、银行视频监控报警等。为了保证实训设备安全和正常的教学秩序，学校准备请我班同学每 6 人 1 组，在 3 周内为电子技术学习工作站安装一套由 8 个摄像头组成的室内监控系统。具体要求是：① 分别使用每 4 个摄像头+1 张视频采集卡或 8 个摄像头+1 台硬盘录像机两种施工方案进行安装；② 监控设备安装位置合理、安装牢固；导线连接正确、布线规范；③ 会安装和设置视频监控软件、视频图像清晰、图像切换功能正常，能准确监控制定区域；④ 节约材料、成本低。我们能使用的物料有：红外线夜视摄像头 8 个、台式计算机 2 台、四路视频采集卡 2 张或硬盘录像机 1 台、BNC 接头 16 个、同轴电缆及其他材料若干。

活动安排及建议

   根据室内视频监控系统安装与维护工作需要，为了达到以上学习目标，将本次任务分为 6 个具体的工作任务来实施，并在教学地点和学时做如表 2.0.1 所示的建议。

表 2.0.1　任务实施流程及教学建议

任务实施地点		电子产品组装学习工作站		
实施流程	学习活动内容	学时	权重	备注
学习活动 1	接受任务并认知视频监控系统	4	10%	
学习活动 2	制订计划和施工方案并绘制系统连接图	10	15%	
学习活动 3	识别并网上模拟采购视频监控设备	10	15%	
学习活动 4	基于视频采集卡的视频监控系统安装	12	25%	
学习活动 5	基于硬盘录像机的视频监控系统安装	12	25%	
学习活动 6	室内视频监控系统交付验收与故障排除	6	10%	
合　计		54	100%	

学习活动 1　接受任务并认知视频监控系统

学习目标

1. 能理会视频监控系统发展的阶段及特点。
2. 能简述视频监控系统的组成结构及功能。
3. 能简述视频监控系统设计的典型方案。
4. 能阅读学习任务描述，并将文字内容转化成工作单。

建议学时

6 学时

知识准备

　　💻咨询：自主学习《室内视频监控系统安装与维护》参考资料 2.1，并结合教学案例 1：《视频监控系统培训资料.ppt》，在实训报告册上回答以下问题：

1. 视频监控系统发展经历了哪三个阶段？
2. 第一代视频监控系统（CCTV）有哪些局限性？
3. 第二代数字视频监控系统（DVR）有哪些特点？
4. 视频监控系统由哪四大部分组成？各部分的主要功能是什么？
5. 为什么说网络化是视频监控系统发展的主要趋势？

学习过程

一、任务准备

1. 教师准备:《室内视频监控系统安装与维护》电子教案、教学课件、教学案例1:《视频监控系统培训资料.ppt》等教学资源各1份。

2. 学生准备:《弱电工程技术》教材1本、实训报告册1本、绘图工具1套,学习用品1套、清洁抹布1块等。

二、任务实施

1. 填写工作单。

阅读学习任务描述,明确任务要求,并填写《视频监控系统的安装与维护工作单》,如表2.1.1所示。

表 2.1.1　视频监控系统的安装与维护工作单

任务名称		接单日期	
工作地点		任务周期	
工作内容			
提供材料			
产品要求			
客户姓名		联系电话		验收日期	
团队负责人姓名		联系电话		团队名称	
备　注			

2. 学习参考资料2.1,认知视频监控系统的发展历程和不同类型,完成下面空白部分的填写。

(1)第一代视频监控系统(CCTV)主要是由_____、_____、监视器、_____等组成,利用视频传输线将来自摄像机的视频连接到监视器上,利用视频矩阵主机,采用键盘进行切换和控制。

(2)视频监控按传输的信号分有_____和_____。模拟监控是通过视频线缆,以_____来传输信号;而数字监控是通过_____来传输信号,各个视频网络服务器都有独立的_____,将数字化的视频压缩信号直接连接到 LAN/WAN 中作为整个网络的视频共享资源。

3. 根据模拟监控和数字监控的不同组成结构，识别图 2.1.1 和图 2.1.2 监控系统的拓扑图，判断其类型。

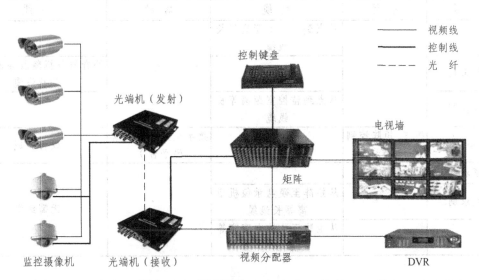

图 2.1.1　所属类型：_____

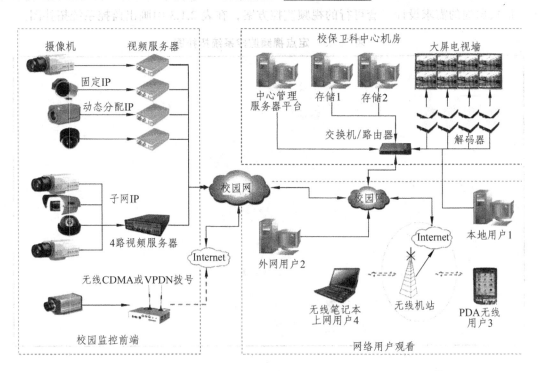

图 2.1.2　所属类型：_____

4. 对比模拟监控和数字监控系的不同特点，将表 2.1.2 补充完整。

表 2.1.2　模拟监控与数字监控对照表

功　能	模拟监控方案		数字监控方案	
	器　材	线　缆	器　材	线　缆
视频采集		从点到监控室距离等长线缆		
音频采集				拾音器与视频服务器距离等长线缆
云台控制		从点到监控室距离等长线缆		
电视墙显示	矩阵、矩阵控制器	需要视频线	数字视频矩阵（解码平台）	软件完成
视频录制	硬盘录像机			
音频录制		从矩阵至硬盘录像机距离等长线缆		无需线缆
现场开关控制	/	从矩阵至监控点距离等长线缆		

　　5. 某超市老板确保自己的财产和人身安全，准备在超市门口安装一套定点视频监控系统。请根据他的需求设计一套可行的视频监控方案，在表 2.1.3 中画出监控系统拓扑图。

表 2.1.3　定点视频监控系统拓扑图

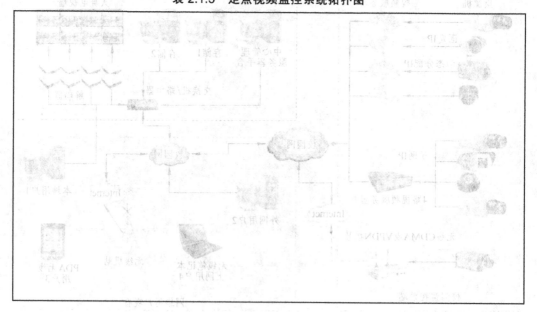

任务评价

　　根据每个小组成员在本任务学习过程的表现，按劳动组织纪律、职业道德及素养和专业知识及技能三个方面填写《学习任务过程性考核记录表》，见附录 1。

学习活动 2　制订计划和施工方案并绘制系统连接图

学习目标

1. 能理会视频摄像子系统的功能及工作方式。
2. 能理会视频传输子系统的功能及传输方式。
3. 能理会不同类型的监控设备及主要应用场合。
4. 会使用 Visio 2007 软件绘制监控系统拓扑图。
5. 会制定视频监控系统安装工作计划和决策施工方案。

建议学时

10 学时

知识准备

💻咨询：自主学习《室内视频监控系统安装与维护》参考资料 2.2，或上网查询相关资料，在实训报告册上回答以下问题：

1. 请简述视频摄像子系统在视频监控系统中的位置和地位。
2. 视频传输子系统传输哪两种信号？常见的传输方式有哪些？
3. 什么是视频基带传输方式？它有哪些优缺点？主要用于什么场所？
4. 什么是视频平衡传输系统？其工作原理是什么？主要用于什么场所？
5. 什么是射频传输方式？射频传输方式有什么优缺点？

学习过程

一、任务准备

1. 教师准备：《室内视频监控系统安装与维护》电子教案、教学课件、教学案例等教学资源各 1 份。

2. 学生准备：《弱电工程技术》教材 1 本、实训报告册 1 本、绘图工具 1 套，学习用品 1 套、清洁抹布 1 块等。

二、任务实施

1. 根据本任务学习的具体日期，在教师的指导下，理会并完善《视频监控系统安装与维护工作计划表》，如表 2.2.1 所示。

2. 根据本任务工作计划的时间及内容安排，合理进行任务分配，明确各成员具体职责，在教师的指导下确定实施方案，如表 2.2.2 所示。

表 2.2.1　室内视频监控系统安装与维护工作计划表

团队名称		团队编号				
步骤	计划名称	任务名称	工作内容	工作任务日期（起—止）	预计施工日期 / 预计工时	备注
1	接受任务并认知视频监控系统					
2	制订计划和施工方案并绘制系统连接图					
3	识别并网上模拟采购视频监控设备					
4	基于视频采集卡的视频监控系统安装					
5	基于硬盘录像机的视频监控系统安装					
6	室内视频监控系统验收与故障排除					
7	工作总结及考核评价					
8						
教师审核意见：						

制订计划人（签名）：

教师签名：　　　　　　　　年　　月　　日

表 2.2.2　室内视频监控系统安装与维护任务施工方案

任务名称						
序号	安装步骤	工作任务日期 (起—止)	施工日期		负责人	参与人员
		具体工作内容	所需资料、材料及工具			
1						
2						
3						
4						
5						
6						
7						

教师审核意见：

教师签名：　　　　　　　　　　决策人（签名）：

年　　月　　日

3. 使用 Visio 2007 绘图软件绘制视频监控系统拓扑图，如图 2.2.1 所示。（说明：软件中若没有某设备的图标，可以用相似图标或方框代替。）

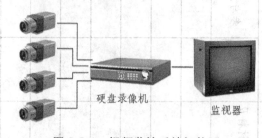

图 2.2.1　视频监控系统拓扑图

4. 使用 Visio 2007 绘图软件绘制视频监控系统拓扑图，如图 2.2.2 所示。

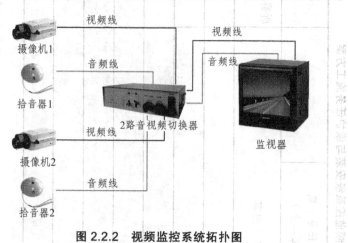

图 2.2.2　视频监控系统拓扑图

5. 使用 Visio 2007 绘图软件绘制视频监控系统拓扑图，如图 2.2.2 所示。

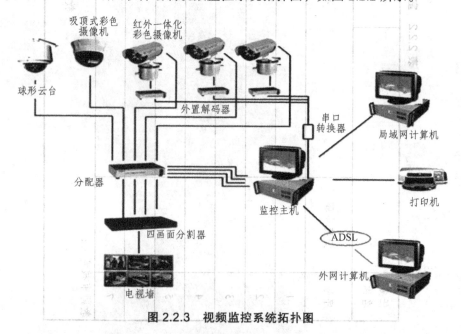

图 2.2.3　视频监控系统拓扑图

6. 使用 Visio 2007 绘图软件绘制视频监控系统拓扑图，如图 2.2.4 所示。

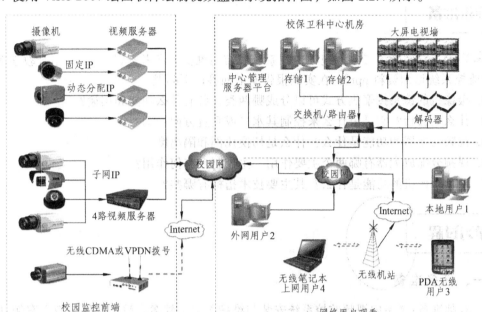

图 2.2.4　视频监控系统拓扑图

任务评价

　　根据每个小组成员在本任务学习的过程的表现情况，按劳动组织纪律、职业道德及素养和专业知识及技能三个方面填写《学习任务过程性考核记录表》，见附录 1。

学习活动 3　识别并网上模拟采购视频监控设备

学习目标

1. 能理会摄像机、云台等监控前端设备的类型和特点。
2. 能理会视频切换器、视频分配放大器等控制设备的功能及性能指标。
3. 能理会硬盘录像机的类型、功能及性能指标。
4. 能正确识别和检测视频监控系统的主要设备。
5. 能在网上对视频监控设备进行询价和模拟采购。

建议学时

10 学时

知识准备

💻咨询：自主学习《室内视频监控系统安装与维护》参考资料 2.3，并结合教学案例 1：《视频监控系统培训资料.ppt》，在实训报告册上回答以下问题：

1. 摄像机的镜头按聚焦方式可以分成哪两类？各有什么功能和用途？
2. 什么是云台？它是由什么来控制其水平或垂直方向运动？
3. 视频切换器的功能是什么？什么是切换比例和隔离度？
4. 视频分配放大器有哪两个主要作用？主控制台有何作用？
5. 硬盘录像机的功能是什么？其主要技术指标有哪些？

学习过程

一、任务准备

1. 教师准备：《室内视频监控系统安装与维护》电子教案、教学课件、教学案例 1：《视频监控系统培训资料.ppt》等教学资源各 1 份。

2. 学生准备：《弱电工程技术》教材 1 本、实训报告册 1 本、签字笔 1 只、清洁抹布 1 块等。

二、任务实施

1. 识别下列视频监控设备图片，如图 1.3.1 所示。将图片编号写在设备名称后面的括号里，并简述其主要功能。

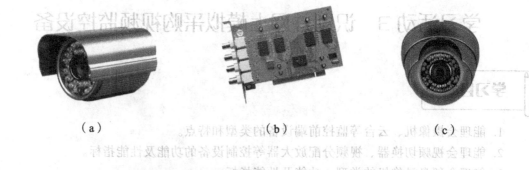

（a）　　　　　　　　　　（b）　　　　　　　　　（c）

　　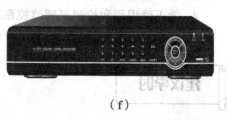

（d）　　　　　　　（e）　　　　　　　　　　　（f）

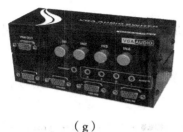
（g）

（h）

图 2.3.1　常见的视频监控设备

（1）属于高清球形摄像机的是（　），功能：_____。

（2）属于红外海螺半球摄像机的是（　），功能：_____。

（3）属于红外防水枪型摄像机的是（　），功能：_____。

（4）属于视频采集卡的是（　），功能：_____。

（5）属于硬盘录像机的是（　），功能：_____。

（6）属于监控系统主控制台的是（　），功能：_____。

（7）属于视频切换器的是（　），功能：_____。

（8）属于视频分配放大器的是（　），功能：_____。

2. 表 2.3.1 是本次学习任务所要安装的视频监控设备及配件清单，请在淘宝网或京东商城上进行询价，选择性价比最高的产品进行总成本预算和模拟采购。

表 2.3.1　室内视频监控系统设备及配件清单　　　　单位：元

序号	设备及配件名称	品 牌	型号、规格	单 价	数量	总 价
1	视频摄像头	欧特	WT.90BZ06.1100，焦距：6 mm，感光面积：1/3 英寸	95.00	8 个	
2	视频采集卡		4 路、		2 张	
3	硬盘录像机		8 路、		1 台	
4	台式计算机				2 台	
5	BNC 头				16 个	
6	视频线缆				50 米	
7	电 源					
预算成本合计		大写：			小写：¥	
制表：		审核：		年	月	日

3. 网上询价并模拟采购。

以在淘宝网购买视频监控摄像头为例，介绍网上询价和模拟采购过程。具体操作步骤如下：

（1）网上询价。

步骤 1：进入 www.taobao.com 主页面，输入注册账号和密码登录后，在"宝贝"栏输入"视频监控摄像头"，如图 2.3.2 所示。

图 2.3.2　在淘宝网中搜索"视频监控摄像头"

步骤 2：在搜索结果中进行价格与性能对比，找到性价比最高的一款摄像头，如图 2.3.3 所示。

步骤 3：单击性价比最高的摄像头，进入宝贝详情介绍窗口查看其性能参数、型号规格，如图 2.3.4 所示。将型号、规格、单价，总价填写在表 2.3.1 中。

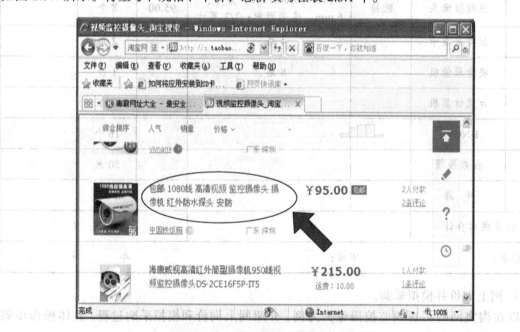

图 2.3.3　查询性价比最高的摄像头

图 2.3.4　查看摄像头型号、规格和参数

（2）模拟或真实采购。

步骤 1：选中了要购买的宝贝后，可以单击"立即购买"按钮；若要购买多个宝贝，也可以先将选中的宝贝加入购物车中，最后集中结算，如图 2.3.5 所示。

步骤 2：这里单击"立即购买"按钮，然后进入宝贝购买流程，如图 2.3.6 所示。

图 2.3.5　选择宝贝的购买方式

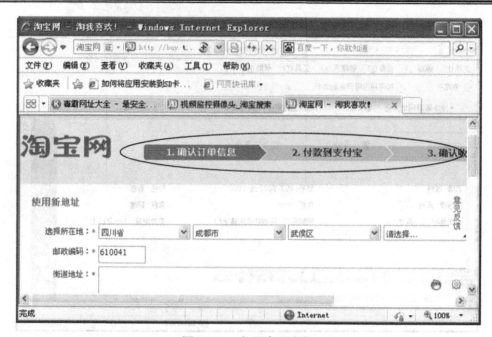

图 2.3.6　宝贝购买流程

步骤 3：输入收货人地址、收件人姓名和联系方式，单击"确定"按钮。如果以前已经输入过相关信息，则直接使用默认地址即可，如图 2.3.7 所示。

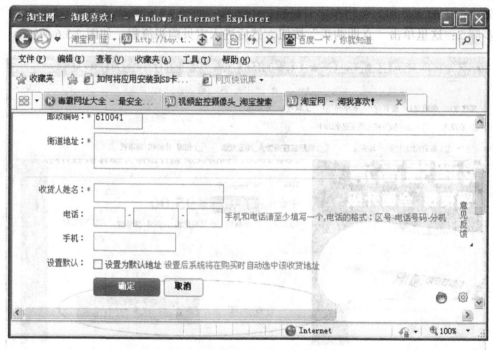

图 2.3.7　输入收货人地址、姓名和联系方式

步骤 4：查看所购买宝贝的品牌、型号和数量和价格是否正确，若正确，即可提交订单，如图 2.3.8 所示。

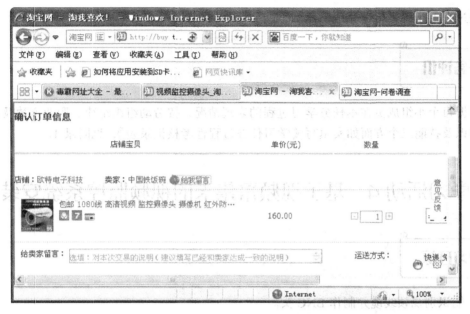

图 2.3.8　确认并提交订单

步骤 5：提交订单后，就进入支付流程。你可以选择用支付宝余额、支付宝快捷银行卡等方式进行支付，如果确定要购买就输入正确的支付密码，再单击"确认付款"按钮即完成支付，并进入卖家发货流程；如果是模拟采购，就不要输入密码，如图 2.3.9 所示。

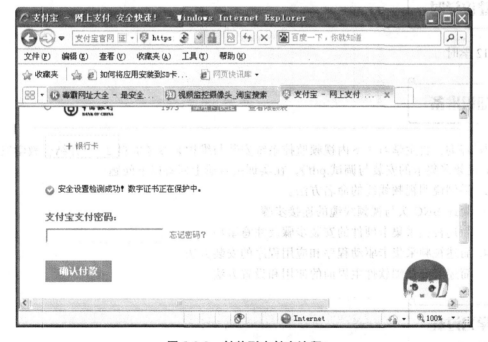

图 2.3.9　付款到支付宝流程

步骤 6：当确认向支付宝付款后，你可以通知卖家发货，查看物流信息等。确认收到货物后，并同意支付宝向卖家付款。最后，还可以对卖家的服务进行评价。

经过以上步骤，你就完成了从网上购买商品的全过程。

任务评价

根据每个小组成员在本任务学习过程的表现情况，按劳动组织纪律、职业道德及素养和专业知识及技能三个方面如实填写《学习任务过程性考核记录表》，见附录 1。

学习活动4　基于视频采集卡的视频监控系统安装

学习目标

1. 能识别视频线缆并制作 BNC 头。
2. 能正确安装视频采集卡硬件。
3. 会安装视频采集卡硬件驱动程序。
4. 会安装采集卡视频系统应用程序并进行功能设置。

建议学时

12 学时

知识准备

💻咨询：自主学习《室内视频监控系统安装与维护》参考资料 2.4，并结合教学案例 2：《DRV 视频采集卡的安装与调试.pdf》，在实训报告册上回答以下问题：

1. 举例说明视频线缆的命名方法。
2. 简述 BNC 头与视频线缆的连接步骤。
3. 简述视频采集卡硬件的安装步骤及注意事项。
4. 简述视频采集卡驱动程序和应用程序的安装方法。
5. 简述服务器端软件主界面的使用和设置方法。

学习过程

一、任务准备

1. 教师准备：《室内视频监控系统安装与维护》电子教案、教学课件、教学案例 1：《DRV

视频采集卡的安装与调试.pdf》等教学资源各 1 份，并按表 2.4.1 所示清单，准备实训材料、元器件及安装工具。（说明：监控系统各设备的品牌、型号规格以购买的实物为准。）

表 2.4.1　导线制作材料及工具清单　　　　（以 1 个学习小组为单位）

序号	名　称	型号及规格	数量	备注
1	台式计算机		1 台	
2	视频采集卡	4 路	1 张	
3	视频摄像头		4 个	
4	BNC 头		8 个	
5	视频线缆		20 m	
6	电烙铁	30 W	1 把	
7	电源线		2 根	
8	剥线钳	普通	1 把	

2. 学生准备：《弱电工程技术》教材 1 本、实训报告册 1 本、装配工具（含斜口钳、尖嘴钳、电烙铁等）1 套、学习用品 1 套、清洁抹布 1 块等。

二、任务实施

1. 根据任务要求，设计并用 Visio 2007 绘图软件绘制基于 4 路视频采集卡的视频监控系统拓扑图。

2. 识别下列监控、接插件等元器件，将其图片编号填在对应元器件名称的横线上，如图 2.4.1 所示。

（a）

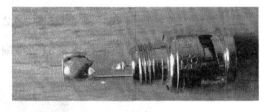

（b）

（c）

（d）

（e）　　　　　　　　　　　　　　　　　　　（f）

图 2.4.1　基于视频采集卡监控系统硬件

图中属于 BNC 头的是：_____；同轴电缆线的是：_____；摄像头的是：_____；视频采集卡的是：_____；4 路 BNC 视频输入线缆的是：_____；摄像头电源适配器的是：_____。

3. 视频线缆与 BNC 头的连接。

（1）识别视频线缆。

在监控系统中，一般都使用同轴电缆，如图 2.4.2 所示。命名为 SYV 75.5.2。其中，S: _____；　Y:_____；　V: _____；　75: _____；　5: _____；　2: _____。

图 2.4.2　视频线缆

（2）将 BNC 接头导线制作内容的字母编号填写在对应图片的横线上，如图 2.4.3 所示。

（a）操作内容：_____

（b）操作内容：_____

（c）操作内容：_____

（d）操作内容：_____

图 2.4.3　视频线缆与 BNC 头连接步骤

 提示：可选导线操作内容：

A. 对线缆导线及屏蔽线进行上锡处理；　　　　B. 剥削线缆；

C. BNC 头上锡；　　　　　　　　　　　　　D. 线缆与 BNC 头相连

（3）视频线缆的制作。

先用斜口钳剪切 4 根 5 m 长的视频线缆，再完成每根视频线缆两端与 BNC 头的连接，并注意以下事项：

① 剥削线缆时，注意不能割伤绝缘层，不能有毛刺，绝缘层高出外护套约 3 mm。

② 用尖头电烙铁给整理过的屏蔽网线和芯线上锡时，注意屏蔽网上锡时不能太厚，太厚可能造成 BNC 头的丝帽拧不上。可适当减少屏蔽网的根数和将屏蔽网焊扁。

③ 用电烙铁给 BNC 头上锡，一定要有足够的锡以保证焊接强度。

4. 安装基于视频采集卡的视频监控系统。

（1）硬件安装。

硬件安装主要包括计算机、采集卡、摄像头等设备的安装。

① 将视频采集卡安装到计算机主机中，如图 2.4.4 所示。

图 2.4.4　视频采集卡硬件安装

② 监控摄像头的安装，如图 2.4.5 所示。

（2）硬件连接。

硬件连接主要包括视频线缆与采集卡、视频线缆与摄像头的连接。其中，视频线缆与采集卡的连接，如图 2.4.6 所示。

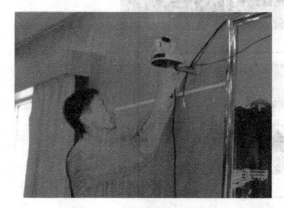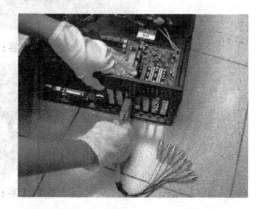

图 2.4.5 监控摄像头的安装   图 2.4.6 视频线缆与采集卡的连接

（3）软件安装。

① 采集卡驱动程序安装。

进入软件安装界面后，选择"驱动程序安装"按钮，按提示逐步进行安装，如图 2.4.7 所示。最后，到计算机设备管理器中查询驱动程序是否安装成功。

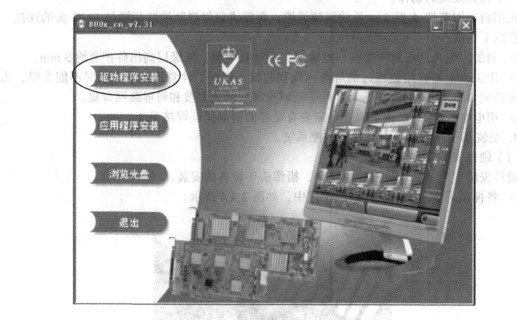

图 2.4.7 选择"驱动程序安装"

② 监控系统应用程序安装。

进入软件安装界面后，选择"应用程序安装"按钮，按向导逐步完成服务器端的安装，如图 2.4.8 所示。

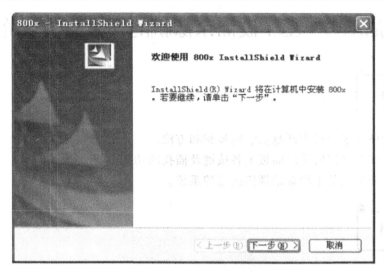

图 2.4.8　监控系统应用程序安装向导

5. 基于视频采集卡的视频监控系统的调试。

根据视频监控系统主界面各种设置选项，完成各种参数设置。根据监控画面情况，合理调整摄像头位置，使之能满足视频监控和视频录像、视频切换和回放功能，如图 2.4.9 所示。同时，视频图像清晰，无抖动、黑屏现象。

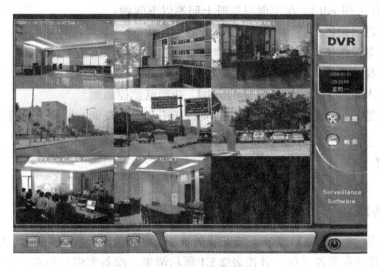

图 2.4.9　视频监控软件画面

任务评价

1. 根据每个小组成员在本任务学习过程的表现情况，按劳动组织纪律、职业道德及素养和专业知识及技能三个方面如实填写《学习任务过程性考核记录表》，见附录 1。

2. 按照学习活动 6 中的 "表 2.6.3　视频监控系统安装与维护验收标准及评分表" 对基于视频采集卡的视频监控系统进行交付验收和评价。

学习活动 5　基于硬盘录像机的视频监控系统安装

学习目标

1. 能理会硬盘录像机中硬盘安装的步骤和方法。
2. 能理会硬盘录像机前后面板上各按键及插孔的功能。
3. 会安装和调试基于硬盘录像机的监控系统。

建议学时

12 学时

知识准备

📖 咨询：自主学习《室内视频监控系统安装与维护》参考资料 2.5，并上网查阅《大华硬盘录像机操作手册.pdf》，在实训报告册上回答以下问题：

1. 简述硬盘录像机的基本结构及各部分的主要功能。
2. 简述硬盘录像机前面板各按键功能和后面板主要接口功能。
3. 简述硬盘录像机的开机和关机步骤。
4. 简述进入硬盘录像机系统界面的方法，并预览监控画面。
5. 简述硬盘录像机录像时间、录像画质、抓图和录像查询、回放的设置方法。

学习过程

一、任务准备

1. 教师准备：《室内视频监控系统安装与维护》电子教案、教学课件、《大华硬盘录像机操作手册》等教学资源各 1 份。并按表 2.5.1 所示清单，准备实训材料及装配工具。

表 2.5.1　硬盘录像机部件清单

序号	材料及工具名称	型号及规格	数量	备注
1	硬盘	西数 500 GB	1 个	
2	录像机外壳机箱		1 套	
3	BNC 头		4 个	
4	摄像头		2 个	
5	计算机		1 台	
6	视频线缆		20 m	

2. 学生准备：《弱电工程技术》教材 1 本、实训报告册 1 本、装配工具（含斜口钳、尖嘴钳、电烙铁等）1 套、学习用品 1 套、清洁抹布 1 块等。

二、任务实施

1. 识别硬盘录像机后面板主要插孔功能。

某品牌 8 路硬盘录像机的后面板，如图 2.5.1 所示。在编号后面的横线上写出对应插孔或按键的功能。

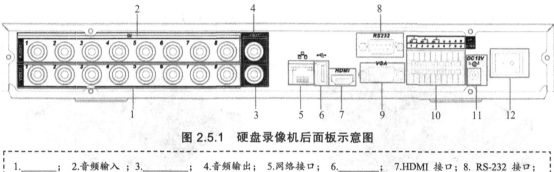

图 2.5.1　硬盘录像机后面板示意图

1.＿＿＿＿＿＿；2.音频输入；3.＿＿＿＿＿＿；4.音频输出；5.网络接口；6.＿＿＿＿＿＿；7.HDMI 接口；8. RS-232 接口；

9.＿＿＿＿＿＿；　10.报警输入、报警输出、RS-485 接口；　11. 电源输入孔；　12.＿＿＿＿＿＿。

2. 请对图 2.5.2 所示的硬盘录像机中硬盘的安装步骤进行正确排序，并写出每步的操作内容。

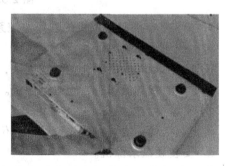

（　　）＿＿＿＿＿＿＿＿＿＿　　　　　　（　　）＿＿＿＿＿＿＿＿＿＿

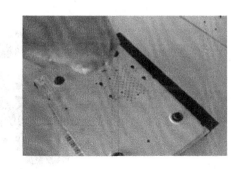

（　　）＿＿＿＿＿＿＿＿＿＿　　　　　　（　　）＿＿＿＿＿＿＿＿＿＿

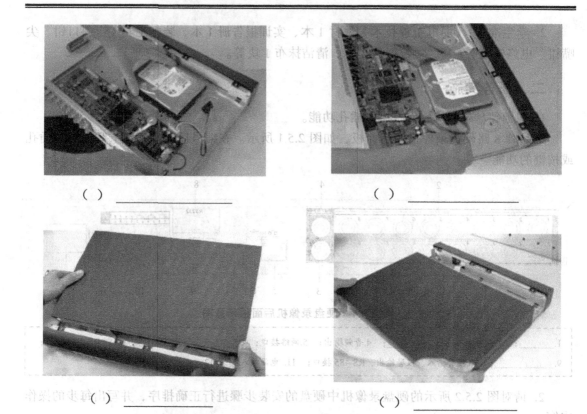

（　　）_____　　　　　　　　　　（　　）_____

（　　）_____

图 2.5.2　硬盘安装步骤

3. 安装基于硬盘录像机的视频监控系统。

（1）制作视频线缆。

按学习活动 4 中所学会的操作方法，完成 8 根视频线缆与 BNC 头的连接。

（2）安装视频摄像头、硬盘录像机。

① 安装视频摄像头。

将视频摄像头安装在预先设计好的位置上。

② 安装硬盘录像机。

将硬盘录像机安装到主控台指定的支架上，如图 2.5.3 所示。

（　　）

图 2.5.3　安装硬盘录像机

（3）监控设备间的硬件连接。

用视频线缆分别完成摄像头与硬盘录像机、硬盘录像机与监视器之间的连接。

4. 调试基于硬盘录像机的视频监控系统。

（1）开机。

依次打开监视器、摄像头和硬盘录像机的电源开关。系统功能正常时，监控系统进入自动监控状态。

（2）调试。

① 调整摄像头。

根据监控画面的显示情况，合理调整摄像头的位置，使室内被监控的重点区域都能进入监控画面内。调整摄像头的焦距，使画面图像清晰。

② 功能和参数设置。

在登录对话框中输入用户名和密码后，可以对监控系统进行各种设置。如：设置录像通道及时间、录像查询与回放等，使之能达到用户的监控需求。

5. 编写硬盘录像机使用说明书。

仿照《大华硬盘录像机使用说明书》编写格式，在表 2.5.2 中为你组装的硬盘录像机写一份《××××牌硬盘录像机使用说明书》（注："××××"为小组团队的名称）。说明书中应包含：① 产品主要功能介绍；② 产品如何使用；③ 使用时的注意事项；④ 产品包装中有哪些附件等，如表 2.5.2 所示。

表 2.5.2　××××硬盘录像机使用说明书

××××牌硬盘录像机使用说明书

任务评价

根据每个小组成员在本任务学习过程的表现情况，按劳动组织纪律、职业道德及素养和专业知识及技能三个方面如实填写《学习任务过程性考核记录表》，见附录1。

学习活动6　室内视频监控系统交付验收与故障排除

学习目标

1. 能理会视频监控系统常见故障现象分析故障原因。
2. 能排除视频监控系统在使用过程中的常见故障。
3. 能理会视频监控系统日常维护与保养方法。
4. 能理会视频监控系统日常操作要求与安全注意事项。
5. 能完成室内视频监控系统交付验收和工作总结。

建议学时

6学时

知识准备

💻咨询：自主学习《室内视频监控系统安装与维护》参考资料2.6，或上网查询相关资料，在实训报告册回答以下问题：

1. 视频监控系统在维护前，应做到"四齐"，具体是指什么？
2. 视频监控设备在进行现场维护时，有哪些要求？
3. 视频监控设备日常维护主要包括哪几个方面的维护？
4. 视频监控系统在日常操作时，有哪些具体要求？
5. 确保监控系统安全工作，有哪些注意事项？

学习过程

一、任务准备

1. 教师准备：《视频监控系统的安装与维护》电子教案、教学课件、教学案例《视频监控系统的安装与维护工作总结.doc》等教学资源各 1 份，并按表 2.6.1 所列清单准备实训工具及材料。

表 2.6.1　主要实训材料及工具清单　　　　（以 1 个学习小组为单位）

序号	材料及工具名称	型号及规格	数量	备注
1	视频采集卡		1 套	各团队组装成果
2	硬盘录像机		1 套	
3	计算机		1 套	
4	摄像头		2 个	
5	BNC 头，电缆线		1 套	

2. 学生准备：《弱电工程技术》教材 1 本、实训报告册 1 本、装配工具（含斜口钳、尖嘴钳、电烙铁等）1 套、学习用品 1 套、清洁抹布 1 块等。

二、任务实施

1. 自主学习参考资料 2.6，根据表 2.6.2 中的故障现象进行分析，写出其处理方法。

表 2.6.2　视频监控系统常见故障分析与处理

序号	常见的故障现象	故障原因分析	处理方法
1	客户端显示无视频信号	（1）视频线（BNC 头）焊接故障	
		（2）视频分配器故障	点对点网络中，视频信号经中心还原后进入视频分配器的情况下，视频分配器坏或者 BNC 头坏，均会造成该故障，更换视频分配器或者重做 BNC 头
		（3）视频线（头）接触故障	
2	云台不能转动	（1）解码板或解码器坏	更换解码板或解码器： （1）使用万用表和螺丝刀等辅助工具。 （2）更换时应先断开箱体电源。 （3）更换完后应调整限位开关，以确保摄像机转动角度在用户关心范围内
		（2）云台故障	
3	摄像机不能控制变倍	（1）摄像机故障	
		（2）嵌入式服务器设置错误	首先检查 485 接线是否正确，然后查看解码器设置是否正确
4	客户端不能观看实时图像（不能 PING 通）	（1）视频服务器硬件故障	更换视频服务器： （1）将新视频服务器按照该点位的设置进行设置。 （2）断电后将新视频服务器装入箱体，面板上的各种线缆按照原视频服务器的接法照接
		（2）视频服务器死机	按视频服务器前面板的复位键重启服务器
		（3）网络硬件连接故障	

序号	常见的故障现象	故障原因分析	处理方法
5	客户端图像不连续，出现马赛克状	（1）图像帧数设置过高	可适当调整传送帧数以及 I 帧数，以减缓网络流量
		（2）电信机房作了网速限制	联系机房，提高网速
		（3）客户主控电脑 24 小时长时间使用，系统状况不良	
		（4）前端通信线路质量差	按本地电信流程更换线路
6	客户端画面颜色不正常	（1）网络图像参数设置不正确	
		（2）摄像机故障	更换摄像机
		（3）主控电脑故障	
7	云台转动范围不在客户要求范围内	云台限位不合理	
8	不能调看历史图像	存储设置错误	
9	云台或摄像机控制不正常	（1）解码器连接摄像机和云台的控制线路连接错误	重新调整连接解码器上的控制线路
		（2）设备损坏	
		（3）设备故障	重新启动设备（摄像机、云台或解码器）

2. 室内监控系统交付验收。

（1）视频监控系统的安装与维护验收标准及评价，见表 2.6.3。

表 2.6.3　视频监控系统安装与维护验收标准及评分表

序号	验收项目	验 收 标 准	配分	客户评分	备注
1	BNC 头制作质量	（1）线缆尺寸的剥削符合要求，不合格，每处扣 2 分 （2）焊接部位牢固，无虚焊、漏焊现象，不合格，每处扣 1 分 （3）线体整体美观、无划痕、无擦伤，不合格，每处扣 2 分	15		
2	视频采集卡的安装	（1）正确放置视频采集卡，不合格，每处扣 1 分 （2）安装前释放手上静电，不合格，每处扣 1 分 （3）视频采集卡安装牢固，无松动、接触不良现象，不合格，每处扣 1 分 （4）摄像头正确安装在采集卡上，无松动、接触不良现象，不合格，每处扣 1 分 （5）视频采集卡驱动程序安装正确，不合格，每处扣 1 分 （6）视频采集卡软件使用正常，图像清楚，操作正确，不合格，每处扣 2 分	25		

续表 2.6.3

序号	验收项目	验收标准	配分	客户评分	备注
3	硬盘录像机的安装	（1）硬盘录像机硬盘安装正确，操作规范，注重静电防护，不合格，每处扣2分 （2）摄像头正确安装，无松动、接触不良现象，不合格，每处扣2分 （3）硬盘录像机软件使用正常，图像清楚，操作正确，不合格，每处扣2分 （4）安全用电，6S管理规范，不合格，每处扣3分	25		
4	视频画面功能测试	（1）能正确、规范连接监控系统，不合格，每处扣1分 （2）开机后有初始画面显示，不合格，每处扣1分 （3）能按说明书正确设置功能，不合格，每处扣1分 （4）监控图像清晰、无雪花，不合格，每处扣1分	20		
5	监控系统简单故障处理	（1）能用万用表规范测试电源板输出插座各引脚间的电压值，不合格，每处扣2分 （2）能对验收过程中出现的简单故障，在教师指导下进行处理或排除，少做或不做，每次扣3分	15		
客户对《室内视频监控系统安装与维护》任务验收成绩					

（2）验收过程情况记录，见表 2.6.4。

表 2.6.4 验收过程问题记录表

序号	验收中存在的问题	改进和完善措施	完成时间	备注
1				
2				
3				
4				
5				

（3）填写交付单并归还物品。

视频监控系统工程验收结束后，关闭硬盘录像机、计算机等设备电源，拆除连接导线，整理材料和工具，并归还领用物品，并填写《室内视频监控系统安装与维护交付单》，见表2.6.5。

表 2.6.5　室内视频监控系统安装与维护交付单

任务名称				接单日期	
施工地点				交付日期	
三方评价结果（百分制）	自己评价	小组互评	客户评价	验收结论（百分制）	

元器件、材料及工具归还清单					
序号	材料及工具名称	型号及规格		数量	备注
1					
2					
3					
4					
5					
6					
7					
8					
客户或任务负责人（签字）		年　月　日	团队负责人（签字）		年　月　日

3. 工作总结与展示。

（1）回顾在本次任务的学习过程中，你所学会的专业知识和技能，遇到的问题及解决方法，以及所积累的学习和工作经验，写一篇不少于 1 000 字的工作总结。

要求：结构完整，重点突出，语言流畅，无错别字。

（2）将你的工作总结制作成一份 PPT 演示文稿，并进行结合自己的安装成果进行集中展示。

要求：演示文稿文字内容简洁明了，幻灯片页面编辑美观，动画设置生动形象，有很强的吸引力。

任务评价

1. 根据每个小组成员在本任务学习过程的表现情况，按劳动组织纪律、职业道德及素养和专业知识及技能三个方面如实填写《学习任务过程性考核记录表》，见附录 1。

2. 根据自己或本组成员在此任务中的表现情况，按照"客观、公正和公平"原则，在教师的指导下按自我评价、小组评价和教师评价三种方式对该教学项目进行综合评价。综合等级按：A（100~90）、B（89~75）、C（74~60）、D（59~0）四个级别进行填写，见表 2.6.6。

表 2.6.6　学习任务综合评价表

考核项目	评价内容	配分	评价分数		
			自评	互评	师评
职业素养	劳动保护穿戴整洁、仪容仪表符合工作要求	5分			
	安全意识、责任意识、服从意识强	6分			
	积极参加教学活动，按时完成各种学习任务	6分			
	团队合作意识强，善于与人交流和沟通	6分			
	自觉遵守劳动纪律，尊重师长、团结同学	6分			
	爱护公物、节约材料，管理现场符合 6S 标准	6分			
专业能力	专业知识查找及时、准确，有较强的自学能力	10分			
	操作积极、训练刻苦，具有一定的动手能力	15分			
	技能操作规范，注重安装工艺，工作效率高	10分			
工作成果	项目安装符合工艺规范，线路功能满足要求	20分			
	工作总结符合要求、展示成果制作质量高	10分			
总　分		100分			
总　评	自评×20%+互评×20%+师评×60%=	综合等级	教师（签名）：		

注意：本学习任务采用的是工作过程系统化的考核和评价方式，各种评价表格是评价学生学业水平的重要依据，
　　　请同学们认真对待并妥善保留存档。

学习任务 3　计算机室网络工程安装与维护

学习目标

1. 能阅读学习任务描述，明确要求，并填写计算机室网络工程安装工作单。
2. 能理会计算机网络的分类、拓扑结构、TCP/IP 网络协议等基础知识。
3. 能理会综合布线系统功能、特点、系统组成和布线工程设计内容。
4. 能认知综合布线工程材料、网络设备、安装工具的型号规格和选用方法。
5. 能根据客户要求制定工作计划和确定计算机室网络工程施工方案。
6. 能理会甘特图的功能和绘制步骤，用 Project 2003 软件绘制出本任务的甘特图。
7. 会识读并使用 Visio 2007 绘图软件绘制计算机网络拓扑图，并列出主要设备清单。
8. 会按照工作计划和施工方案，完成计算机室网络工程的硬件安装和布线任务。
9. 会正确配置和查看小型局域网络的协议和参数，安装 Windows 2003 文件服务器。
10. 会在服务器和各工作站计算机上安装极域"电子教室"软件，管理网络资源。
11. 会按工程验收标准完成计算机网络室的交付验收，会分析和排除网络简单故障。

学习任务描述

在智能小区、大型商务写字楼、政府便民服务大厅等现代化场所，大量使用了计算机网络和数字通信技术。为了全面培养学生这方面的专业知识和技能，学校准备将实训大楼三楼 308 教室改造成 1 间 100 m² 左右的计算机网络实训室。要求我班同学利用 3 周时间按照网络综合布线工艺规范完成计算机组装、网络布线、局域网参数设置、控制软件安装等任务。实现该实训室中全部计算机互连互通、资源共享和多媒体教学等功能。提供的设备和材料有：服务器计算机 1 台、工作站计算机 24 台、4 口路由器 1 台、24 口交换机 1 台、综合布线材料和工具若干。

活动安排及建议

根据计算机室网络工程安装与维护任务工作需要，为了达成以上学习目标，将本次任务分为 6 个具体的学习活动来实施，并对教学地点、学时安排及评价权重做如表 3.0.1 所示的建议。

表 3.0.1　任务实施流程及教学建议

任务实施地点	计算机网络实训室			
实施流程	学习活动内容	学时	权重	备注
学习活动 1	接受任务并认知计算机网络系统	4	10%	
学习活动 2	制订计划与方案并认知网络设备	8	15%	
学习活动 3	识读和绘制计算机室网络系统拓扑图	10	20%	
学习活动 4	计算机室网络线缆制作与硬件安装	18	25%	
学习活动 5	计算机室局域网络参数配置、查看与测试	8	15%	
学习活动 6	计算机室网络工程交付验收与故障处理	6	15%	
合　计		54	100%	

学习活动 1　接受任务并认知计算机网络系统

学习目标

1. 能理会计算机网络的概念和主要功能。
2. 能理会计算机网络的不同分类方式及特点。
3. 能理会计算机网络常见的协议分类及功能。
4. 能理会网络综合布线系统的功能和组成。
5. 能阅读学习任务描述，并将文字内容转化成工作单。

建议学时

4 学时

知识准备

📖咨询：自主学习《计算机室网络工程安装与维护》参考资料 3.1，或上网查询相关资料，在实训报告册上回答以下问题：

1. 什么是计算机网络？它的主要功能是什么？
2. 按覆盖范围的大小，计算机网络可以分成哪三种类型？各自的特点是什么？
3. 什么是网络拓扑结构？计算机网络主要有哪几种类型的拓扑结构？
4. 什么是 TCP/IP 协议？它的功能是什么？它包括哪四个层级结构？
5. 什么叫综合布线系统？它的主要作用是什么？它由哪几个子系统组成？

学习过程

一、任务准备

1. 教师准备：《计算机室网络工程安装与维护》电子教案、教学课件、教学案例等教学资源各 1 份。

2. 学生准备：《弱电工程技术》教材 1 本、实训报告册 1 本、计算机 1 台、学习用品 1 套、清洁抹布 1 块等。

二、任务实施

1. 填写工作单。

阅读学习任务描述，明确任务要求，并填写《计算机室网络工程安装与维护工作单》，如表 3.1.1 所示。

表 3.1.1　计算机室网络工程安装与维护工作单

任务名称		接单日期	
工作地点		任务周期	
工作内容			
提供材料 设备			
工程要求			
客户姓名		联系电话		验收日期	
团队负责人姓名		联系电话		团队名称	
备　注			

2. 计算机网络按覆盖范围来分，可分为_____、_____和_____。请在表 3.1.2 中对这三种类型的网络在覆盖范围、主要特点等方面进行对比。

表 3.1.2　局域网、城域网和广域网对比

	英语缩写	覆盖范围	主要特点
局域网			
城域网			
广域网			

3. 计算机网络的拓扑结构主要有总线型、_____、_____、和_____四种结构形式。请识别图 3.1.1 中的不同拓扑结构，将结构名称写在图片编号后面的横线上。

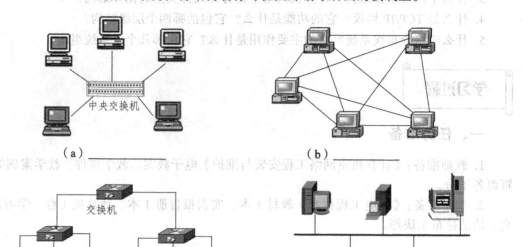

（a）_____　　　　　　　　　（b）_____

（c）_____　　　　　　　　　（d）_____

图 3.1.1　计算机网络的拓扑结构

4. 比较四种网络拓扑结构的组成、优缺点，填写在表 3.1.3 中。

表 3.1.3 四种不同拓扑结构对比

	组成	优点	缺点
总线型			
星型			
网状			
树型			

5. 图 3.1.2 是 OSI 七层模型和 TCP/IP 协议的 4 层结构对比图,按照它们之间的关系填写空白处的内容。

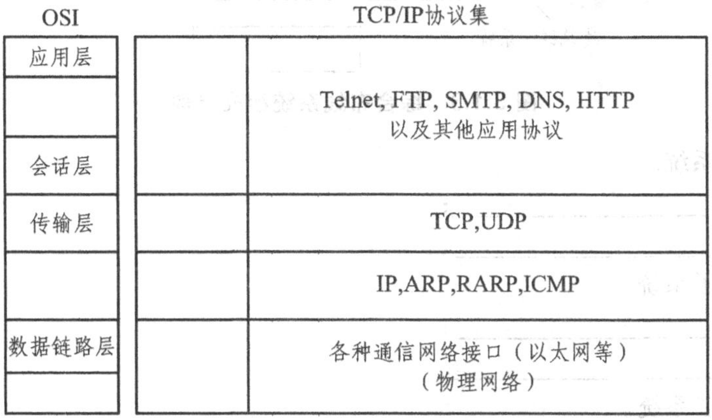

图 3.1.2 OSI 与 TCP/IP 协议对比

6. IP 地址的表示与分类。

一个 IP 地址是由 32 位＿＿＿＿＿＿数表示，每＿＿＿＿位分成一组，共组，即 1 个 IP 地址是由 4 个字节组成。如：192.169.1.1；一般将 IP 地址按节点计算机所在网络规模的大小分为 A，B，C 三类，默认的网络屏蔽是根据 IP 地址中的＿＿＿＿＿＿＿＿＿＿确定的。

（1）A 类 IP 地址。

A 类地址默认网络屏蔽为：255.0.0.0，主要是给＿＿＿＿＿＿＿＿＿＿＿＿＿＿＿＿＿网络使用，用第一组数字表示＿＿＿＿＿＿＿＿，后面三组数字作为连接于网络上的主机的地址。分配给具有大量主机（直接个人用户）而局域网络个数较少的大型网络。

（2）B 类 IP 地址。

B 类地址默认网络屏蔽为：255.255.0.0，主要分配给＿＿＿＿＿＿＿＿网络使用。B 类网络用＿＿＿＿＿＿＿＿＿＿表示网络的地址，＿＿＿＿＿＿＿＿＿＿代表网络上的主机地址。

（3）C 类 IP 地址。

C 类地址默认网络屏蔽为：255.255.255.0，C 类地址分配给＿＿＿＿＿＿网络使用，如一般的局域网，它可连接的主机数量是最少的，采用把所属的用户分为若干个网段进行管理。C 类网络用＿＿＿＿＿＿＿＿表示网络的地址，＿＿＿＿＿＿＿＿＿＿作为网络上的主机地址。即一个 C 类地址是由＿＿＿＿个字节的网络地址和＿＿＿＿个字节的主机地址组成。

7. 综合布线系统的组成结构，如图 3.1.3 所示。请在相应的方框中写出其子系统名称，在横线上写出各子系统的功能和组成设备名称。

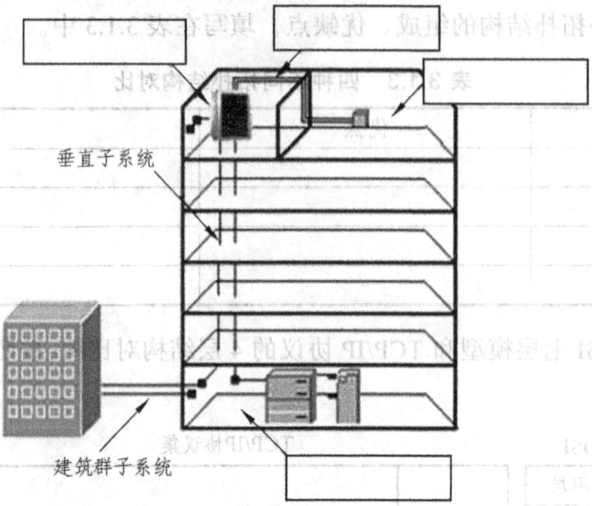

垂直子系统

建筑群子系统

图 3.1.3　综合布线系统组成结构

（1）水平子系统。

功能：＿＿＿＿＿＿＿＿＿＿＿＿；

设备：＿＿＿＿＿＿＿＿＿＿＿＿。

（2）工作区子系统。

功能：＿＿＿＿＿＿＿＿＿＿＿＿；

设备：＿＿＿＿＿＿＿＿＿＿＿＿。

（3）管理间子系统。

功能：＿＿＿＿＿＿＿＿＿＿＿＿；

设备：＿＿＿＿＿＿＿＿＿＿＿＿。

（4）设备间子系统。

功能：＿＿＿＿＿＿＿＿＿＿＿＿；

设备：＿＿＿＿＿＿＿＿＿＿＿＿。

任务评价

根据每个小组成员在本任务学习过程的表现，按劳动组织纪律、职业道德及素养和专业知识及技能三个方面填写《学习任务过程性考核记录表》，见附录 1。

学习活动 2　制订计划与方案并认知网络设备

学习目标

1. 能理会网络综合布线工程设计的目标和原则。
2. 能理会网络综合布线工程设计的流程和内容。

3. 能理会甘特图的功能和绘制基本步骤。

4. 能理会常见网络设备的名称和功能。

5. 能制订计算机室网络工程安装工作计划和施工方案。

建议学时

8 学时

知识准备

💻咨询：自主学习《计算机室网络工程安装与维护》参考资料 3.2，或上网查询相关资料，在实训报告册上回答以下问题：

1. 综合布线工程在进行方案设计是，应达到哪些要求？

2. 综合布线工程设计时有哪些基本流程和设计内容？

3. 甘特图由哪几个部分组成？每部分的作用是什么？

4. 简述甘特图的功能和绘制甘特图基本步骤。

5. 网卡、路由器、交换机和服务器的基本功能是什么？

学习过程

一、任务准备

1. 教师准备：《计算机室网络工程安装与维护》电子教案、教学课件、《综合布线与计算机网络工程常见设施设备.PPT》等教学资源各 1 份。

2. 学生准备：《弱电工程技术》教材 1 本、实训报告册 1 本、计算机 1 台、学习用品 1 套、清洁抹布 1 块等。

二、任务实施

1. 根据本任务学习的具体日期，在教师的指导下，理会并完善"计算机室网络工程安装与维护工作计划表"，见表 3.2.1。

2. 根据本任务工作计划的时间及内容安排，合理进行任务分配，明确各成员具体职责，在教师的指导下确定实施方案，见表 3.2.2。

表 3.2.1　计算机室网络工程安装与维护工作计划表

团队名称								
步骤	计划名称	团队编号	任务名称	工作内容	工作任务日期（起—止）	预计施工日期	预计工时	备注
1								
2								
3								
4								
5								
6								
7								
8								

制订计划人（签名）：

教师审核意见：

教师签名：

表 3.2.2　计算机室网络工程安装与维护任务施工方案

任务名称		工作任务日期（起—止）		施工日期	
序号	安装步骤	具体工作内容	所需资料、材料及工具	负责人	参与人员
1					
2					
3					
4					
5					
6					
7					
8					

决策人（签名）：

教师签名：

教师审核意见：

年　　月　　日

3. 识别图 3.2.1 中的网络设备，在图片编号后面的横线上写出对应的设备名称和主要功能。

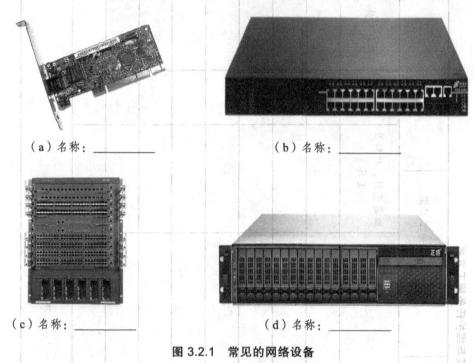

（a）名称：＿＿＿＿＿＿ （b）名称：＿＿＿＿＿＿

（c）名称：＿＿＿＿＿ （d）名称：＿＿＿＿＿

图 3.2.1 常见的网络设备

4. 学习参考资料 3.2 中 "Project 2003 绘制甘特图的基本方法"，使用 Project 2003 软件绘制如图 3.2.2 所示的花园工程项目甘特图。

工作编号	工作名称	工时数	施工进度								
			10月	11月	12月	1月	2月	3月	4月	5月	6月
1	土方工程	1 470			70%						
2	基础工程	7 730			28%						
3	主体工程	7 330			20%						
4	钢结构工程	3 770									
5	围护工程	2 640									
6	管道工程	4 250			10%						
7	防火工程	3 220									
8	机电安装	3 470			8%						
9	屋面工程	3 150									
10	装修工程	8 470									
	总计	45 500		12.5%							

▭ 计划进度	实际完成125%	
▨ 实际进度	检查时间 11 月	

图 3.2.2 某花园工程项目甘特图

5. 将本组制订的本任务工作计划，按照 Project 2003 软件绘制甘特图的操作步骤，完成"计算机室网络工程安装与维护甘特图"的绘制，并用 A3 纸打印出来，贴到图 3.2.3 的方框中或在白板上实时记录本任务各阶段的完成进度。

图 3.2.3　计算机室网络工程安装与维护甘特图

任务评价

根据每个小组成员在本任务学习的过程的表现情况，按劳动组织纪律、职业道德及素养和专业知识及技能三个方面填写《学习任务过程性考核记录表》，见附录 1。

学习活动 3　识读和绘制计算机室网络系统拓扑图

学习目标

1. 能理会 Visio 2007 绘图软件绘制网络图的基本步骤。
2. 能识别常见计算机网络设备在软件中的图形标识。
3. 会用 Visio 2007 绘图软件绘制简单的网络拓扑图。

建议学时

10 学时

知识准备

💻咨询：自主学习《计算机室网络工程安装与维护》参考资料 3.3，或上网查询相关资料，在计算机上完成以下操作：

1. 在 Visio 2007 中新建一个基本网络图的绘图文件。

2. 将新建的文件保存在本组计算机的 E:\班级名称\本人姓名文件夹下，文件名为"总线型网络.vsd"。

3. 打开"总线型网络.vsd"绘图文件，在形状窗格中查看常见的网络设备图标。

学习过程

一、任务准备

1. 教师准备：《计算机室网络工程安装与维护》电子教案、教学课件、教学案例等教学资源各 1 份。

2. 学生准备：《弱电工程技术》教材 1 本、实训报告册 1 本、学习用品 1 套、计算机 1 台、清洁抹布 1 块等。

二、任务实施

1. 图 3.3.1 所列出的是迅捷公司常使用的网络标识，请将对应的网络设备名称写在图片编号后面的横线上。

（a）名称：_____　（b）名称：_____　（c）名称：_____

（d）名称：_____　（e）名称：_____　（f）名称：_____

（g）名称：_____　（h）名称：_____　（i）名称：_____

图 3.3.1　常见网络设备图标

2. 使用 Visio 2007 绘图软件绘制如图 3.3.2 所示的网络拓扑图，在计算机上保存的路径和文件名为"E:\班级名称\本人姓\星型网络图.vsd"。

3. 使用 Visio 2007 绘图软件绘制如图 3.3.3 所示的网络拓扑图，在计算机上保存的路径和文件名为"E:\班级名称\本人姓\总线型网络图.vsd"。

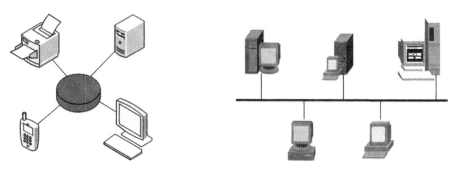

图 3.3.2　星型网络拓扑　　　　图 3.3.3　总线型网络拓扑

4. 使用 Visio 2007 绘图软件绘制如图 3.3.4 所示的计算机拓扑图，在计算机上保存的路径和文件名为"E:\班级名称\本人姓\计算机网络图 1.vsd"。

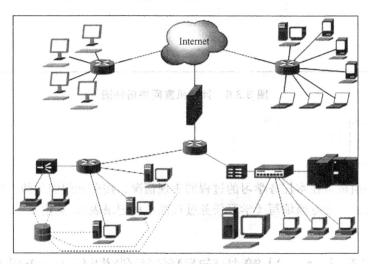

图 3.3.4　计算机网络拓扑图

5. 使用 Visio 2007 绘图软件绘制如图 3.3.5 所示的计算机拓扑图，在计算机上保存的路径和文件名为"E:\班级名称\本人姓\计算机网络图 2.vsd"。

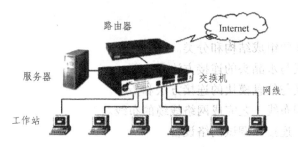

图 3.3.5　计算机网络拓扑图

6. 根据本次任务提供的网络设备类型和数量，设计并用 Visio 2007 绘图软件绘制出计算机室网络拓扑图,在计算机上保存的路径和文件名为 "E:\班级名称\本人姓\计算机室网络图.vsd"。并用 A3 纸打印出来，贴在图 3.3.6 的方框中或白板上供其他同学相互学习。

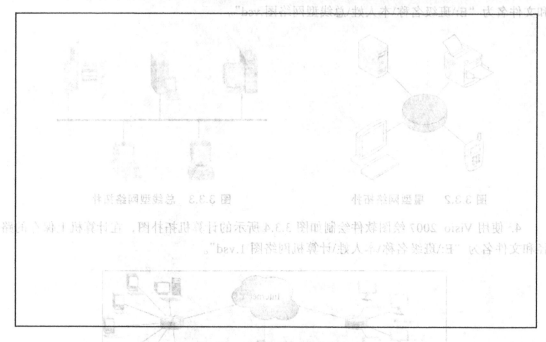

图 3.3.6　计算机室网络拓扑图

任务评价

根据每个小组成员在本任务学习的过程的表现情况，按劳动组织纪律、职业道德及素养和专业知识及技能三个方面填写《学习任务过程性考核记录表》，见附录 1。

学习活动 4　计算机室网络线缆制作与硬件安装

学习目标

1. 能理会双绞线的组成结构和分类。
2. 能理会双绞线与水晶头的连接方法和步骤。
3. 能理会双绞线与信息模块的连接方法和步骤。
4. 会按弱电工程布线工艺完成网络线缆的布线。
5. 能正确安装、连接和调试网络设备。

建议学时

18 学时

知识准备

💻咨询：自主学习《计算机室网络工程安装与维护》参考资料 3.4，或上网查询相关资料，在实训报告册上回答以下问题：

1. 简述双绞线的组成结构、主要功能和特点。

2. 五类、超五类和六类双绞线有何特点和用途？

3. T568A 和 T568B 分别是如何排序的？它们之间有何区别？

4. 制作直通线和交叉线有何区别？它们各应用在什么场合？

5. 简述双绞线与信息模块的连接步骤和方法。

学习过程

一、任务准备

1. 教师准备：《计算机室网络工程安装与维护》电子教案、教学课件、教学案例等教学资源各 1 份，以及表 3.4.1 所列的施工材料、元器件及装配工具。

表 3.4.1　材料及工具清单　　　　　　　（以 1 个学习小组为单位）

序号	材料、工具	型号及规格	数 量	备 注
1	模拟墙	全钢结构、L 型	1 套	
2	网线	Cat 5e		
3	水晶头	UTP、Cat 5e		
4	信息模块	UTP、Cat 5e	按实际需求领用	
5	信息面板和底盒	86 mm×86 mm		
6	线管、附件	PVC、ϕ 20 mm		
7	线槽、附件	PVC.20 系列		
8	机柜	9U、壁挂式	1 个	
9	交换机	24 口	1 台	
10	路由器	广域网接口 1 个、局域网接口 3 个	1 台	
11	配线架	24 口网络配线架	1 个	
12	跳线架	110 配线架	1 个	
13	理线架		1 个	
14	网线钳		1 把	
15	弯管器		1 个	
16	线管剪		1 把	

2. 学生准备：《弱电工程》教材 1 本、实训报告册 1 本、装配工具（含斜口钳、尖嘴钳、旋具）1 套、计算机 1 套、清洁抹布 1 块等。

二、任务实施

在线缆制作与设备安装环节中，首要的是保证施工人员安全，其次施工必须遵循标准要求，保证工程的电气性能，并做好电气防护、接地、防雷、防火的防护措施。

1. 结合以前所学过的专业知识，或上网查询相关资料，在表 3.4.2 中写出网络综合布线过程中所使用的工具名称和用途。

表 3.4.2　布线工具的名称和功能

工具图片	名　称	主要功能

2. 按照塑料线管布线工艺规范，依次完成计算机室内所有线管的敷设、弱电线缆的穿管工作。

3. 双绞线与水晶头的连接。

学习参考资料 3.4 中双绞线与水晶头的连接方法，主要步骤如图 3.4.1 所示。在每个图片编号后面的横线上写出相应操作的名称，并完成所有直通线和交叉线缆的制作和测试。

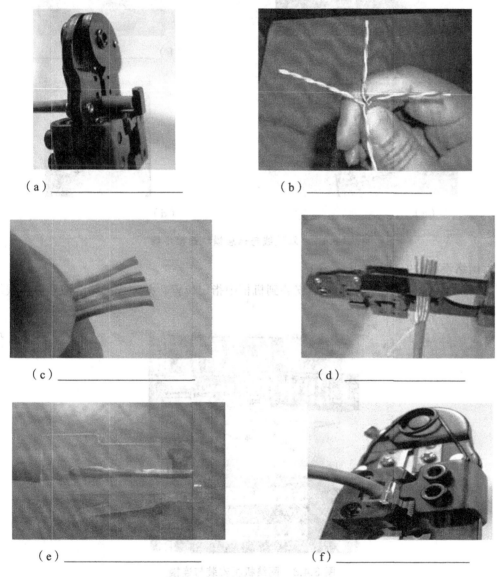

（a）_____   （b）_____

（c）_____   （d）_____

（e）_____   （f）_____

图 3.4.1 双绞线与水晶头连接步骤

4. 双绞线与信息模块的连接。

学习参考资料 3.4 中双绞线与 B 类信息模块的连接方法，主要步骤如图 3.4.2 所示。在每个图片编号后面的横线上写出相应操作的名称，并完成所有直通线和信息模块的制作和测试。

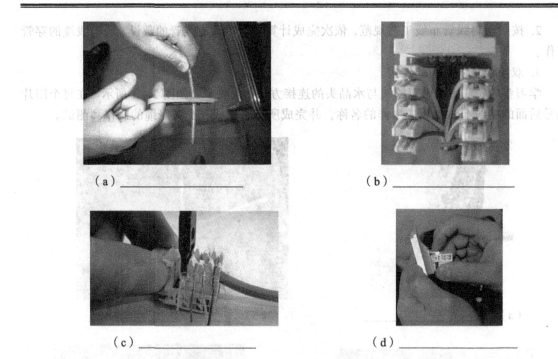

（a）＿＿＿＿＿＿＿＿＿＿＿　　　　　　（b）＿＿＿＿＿＿＿＿＿＿＿

（c）＿＿＿＿＿＿＿＿＿＿＿　　　　　　（d）＿＿＿＿＿＿＿＿＿＿＿

图 3.4.2　双绞线与信息模块连接步骤

5. 网络设备的安装与连接。

（1）将路由器、交换机和服务器安装到机柜中指定位置，并完成网络线缆和电源线缆的连接，如图 3.4.3 所示。

图 3.4.3　网络机柜安装与连接

（2）将 24 台工作站计算机安装到各实训台的指定位置，并完成网络线缆和电源线缆的连接，如图 3.4.4 所示。

图 3.4.4　工作站计算机安装与连接

6. 计算机室网络功能测试。

依次打开工作站计算机、网络设备和服务器电源开关，测试计算机室各硬件设备工作是否正常，为下一个任务局域网的参数设置做准备。

任务评价

根据每个小组成员在本任务学习的过程的表现情况，按劳动组织纪律、职业道德及素养和专业知识及技能三个方面填写《学习任务过程性考核记录表》，见附录 1。

学习活动 5　计算机室局域网络参数配置、查看与测试

学习目标

1. 能理会添加和删除通信协议的方法。
2. 会设置服务器和工作站计算机的 IP 地址。
3. 会设置服务器和工作站计算机的计算机标识和工作组。
4. 会使用网络命令 IPConfig 和 Ping 查看网络参数和连通情况。
5. 能安装 Windows 2003 文件服务器。

建议学时

8 学时

知识准备

💻咨询：自主学习《计算机室网络工程安装与维护》参考资料 3.5，上网查询局域网参数配置资料，在实训报告册上回答以下问题：

1. 简述添加和删除通信协议的方法和步骤。
2. 简述在服务器和工作站计算机上配置 TCP/IP 协议的步骤。
3. 简述设置文件或文件夹共享的基本方法和步骤。
4. 简述在服务器上和在工作站上设置计算机标识和工作组的方法。
5. 简述在服务器上安装本地打印机和在工作站上网络打印机的步骤。

学习过程

一、任务准备

1. 教师准备：《计算机室网络工程安装与维护》电子教案、教学课件、教学案例等教学资源各 1 份。

2. 学生准备：《弱电工程技术》教材 1 本、实训报告册 1 本、计算机 1 套、清洁抹布 1 块等。

二、任务实施

1. 添加和删除"Microsoft 网络的文件和打印机共享"。

先查看操作系统中有无"Microsoft 网络的文件和打印机共享"服务，如果有，则先删除，再添加；如果无，则直接添加服务即可，如图 3.5.1 所示。

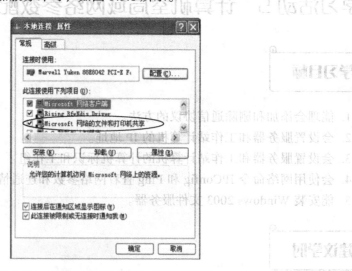

图 3.5.1　添加和删除文件和打印机共享

2. 添加和删除"TCP/IP 协议"。

先查看操作系统中有无"Microsoft 网络的文件和打印机共享"服务，如果有，则先删除，再添加；如果无，则直接添加服务即可，如图 3.5.2 所示。

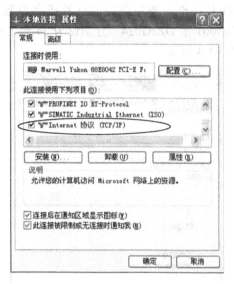

图 3.5.2　添加和删除 TCP/IP 协议

3. 配置 TCP/IP 协议。

（1）配置服务器。

打开服务器 TCP/IP 协议属性对话框，配置 IP 地址：192.168.1.10，子网掩码设为 255.255.255.0，默认网关 192.168.1.1，首先 DNS 服务器：192.168.1.1。（说明：TCP/IP 协议的参数要根据本校实际情况确定）

（2）配置工作站。

打开工作站 TCP/IP 协议属性对话框，从 192.168.1.11 至 192.168.1.34 分别为 24 台工作站计算机配置 IP 地址。子网掩码设为 255.255.255.0，默认网关 192.168.1.1，首先 DNS 服务器：192.168.1.1，如图 3.5.3 所示。

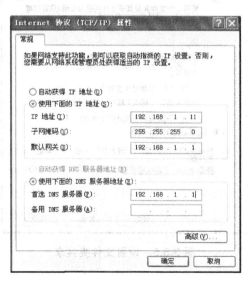

图 3.5.3　配置工作站 TCP/IP 协议

4. 设置计算机标识和工作组。

打开"我的电脑"属性对话框,将服务器的计算机名设置成"DZJS000",工作组为"WORKGROUP";从"DZJG001 至 DZJG024"分别设为 24 台工作站的计算机名称,工作组为"WORKGROUP",如图 3.5.4 所示。

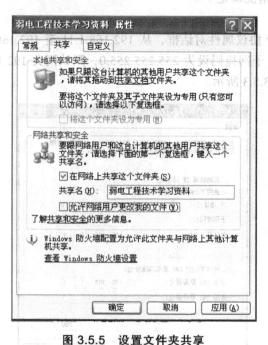

图 3.5.4　设置计算机名和工作组

5. 设置文件或文件夹共享。

将服务器中的"弱电工程技术学习资料"文件夹,设置为共享,不允许网络用户更改我的文件,如图 3.5.5 所示。

图 3.5.5　设置文件夹共享

6. 设置网络打印机。

将服务器上的本地打印机设置为"共享"属性，如图 3.5.6 所示。再在工作站计算机上添加"网络打印机"，如图 3.5.7 所示。

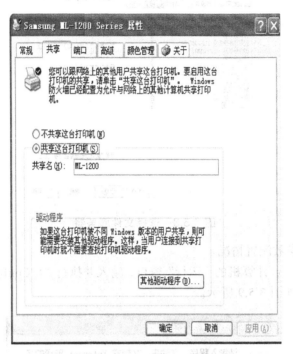

图 3.5.6　设置打印机共享

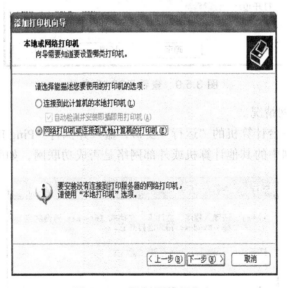

图 3.5.7　添加网络打印机

7. 在服务器上安装 Windows 2003 文件服务器。

按照参考资料 3.5 中"安装 Windows 2003 文件服务器"的方法和步骤，逐步在服务器上安装文件服务器，如图 3.5.8 所示。

图 3.5.8   选择文件服务器

8. 查看 TCP/IP 参数配置情况。

在局域网中的任一台计算机的"运行"窗口，输入并执行"IPConfig"命令，查看 TCP/IP 参数是否配置正确，如图 3.5.9 所示。

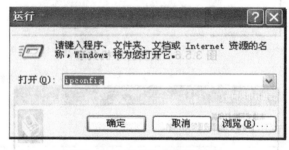

图 3.5.9   查看 TCP/IP 参数

9. 测试局域网联网情况。

在局域网中的任一台计算机的"运行"窗口，输入并执行"Ping IP 地址"命令，查看该计算机与本机、局域网中的其他计算机或外部网络是否成功联网，如图 3.5.10 所示。

图 3.5.10   查看与新浪网的联网情况

任务评价

根据每个小组成员在本任务学习的过程的表现情况，按劳动组织纪律、职业道德及素养和专业知识及技能三个方面填写《学习任务过程性考核记录表》，见附录 1。

学习活动 6　计算机室网络工程交付验收与故障处理

学习目标

1. 能理会常见网络故障的原因及分析方法。
2. 会分析和排除几种常见的网络故障。
3. 会按验收标准完成计算机室网络工程的交付验收
4. 会使用 PPT 演示文稿制作和展示自己或本组的工作总结。

建议学时

6 学时

知识准备

咨询：自主学习《计算机室网络工程安装与维护》参考资料 3.6，或上网查询计算机网络维护与故障处理等方面的资料，在实训报告册上回答以下问题：

1. 计算机网络有哪些常见的故障类型？
2. 由网络协议导致的网络故障的原因有哪些？
3. 当计算机网络出现故障时，排除故障的基本思路有哪些？
4. 网络命令 Ping 的功能和格式是什么？
5. 当屏幕提示"用户登录时发生 IP 地址冲突现象"时，如何进行分析和处理？

学习过程

一、任务准备

1. 教师准备：《计算机室网络工程安装与维护》电子教案、教学课件、教学案例等教学资源各 1 份。
2. 学生准备：《弱电工程技术》教材 1 本、实训报告册 1 本、计算机 1 套、清洁抹布 1 块等。

二、任务实施

1. 在交付验收过程中，如果组建的计算机网络出现了以下故障应如何分析和处理。

（1）故障现象：网卡和其他设备冲突，导致不能正常工作。

故障原因分析：_____

_____。

故障排除方法：_____

_____。

（2）故障现象：用户在网络上可以看到其他用户，但是却无法访问它们的共享资源。

故障原因分析：_____

_____。

故障排除方法：_____

_____。

（3）故障现象：不能共享网络打印机。

故障原因分析：_____

_____。

故障排除方法：_____

_____。

（4）故障现象：无法连接到 Internet。

故障原因分析：_____

_____。

故障排除方法：_____

_____。

2. 计算机室网络工程交付验收。

（1）计算机室网络工程安装与维护验收标准及评价，见表 3.6.1。

表 3.6.1　计算机室网络工程安装与维护验收标准及评分表

序号	验收项目	验收标准	配分	客户评分	备注
1	网络线缆制作	（1）线缆选用和剥削长度符合要求，不合格，每处扣2分 （2）T568A 或 T568B 线序排列正确，不合格，每处扣1分 （3）线缆与水晶头或信息模块连接牢固，不合格，每处扣2分 （4）直通线或交叉线制作正确，不合格，每处扣2分	15		
2	网络设备安装	（1）网络设备安装位置正确，不合格，每处扣1分 （2）网络设备安装牢固、无松动或漏安螺钉现象，不合格，每处扣1分 （3）线缆连接位置正确、牢固，无接触不良现象，不合格，每处扣1分 （4）机柜中或室内明线或暗线布线规范、整齐，符合布线工艺要求，不合格，每处扣3分	25		

续表 3.6.1

序号	验收项目	验　收　标　准	配分	客户评分	备注
3	网络参数配置	（1）网络协议安装正确，无漏安装现象，不合格，每处扣 2 分 （2）TCP/IP 协议配置正确，无冲突，不合格，每处扣 2 分 （3）打印机共享、网络打印机安装正确，不合格，每处扣 2 分 （4）Windows 2003 文件服务器安装正确，不合格，每处扣 3 分	25		
4	网络功能测试	（1）能访问共享文件或文件夹资源，不合格，每处扣 3 分 （2）能使用网络打印机进行打印文件，不合格，每处扣 3 分 （3）能正确查看 TCP/IP 协议参数，不合格，每处扣 2 分 （4）能使用 Ping 命令测试计算机与本机或其他计算机的联网情况，不合格，每处扣 2 分	20		
5	网络故障处理	（1）能用网络测试仪排除由于网线连接问题导致的网络故障，不合格，每处扣 2 分 （2）能通过修改网络参数配置情况，排除网络通信过程中的部分故障，不合格，每次扣 3 分	15		
客户对《计算机室网络工程安装与维护安装与维护》任务验收成绩					

（2）验收过程情况记录，见表 3.6.2。

表 3.6.2　验收过程问题记录表

序号	验收中存在的问题	改进和完善措施	完成时间	备注
1				
2				
3				
4				
5				

（3）填写交付单并归还物品。

计算机室网络工程安装与维护验收结束后，关闭交换机、路由器、计算机等设备电源，拆除连接导线，整理材料和工具，归还领用物品，并填写"计算机室网络工程安装与维护安装与维护交付单"，见表 3.6.3。

表 3.6.3　计算机室网络工程安装与维护安装与维护交付单

任务名称				接单日期	
施工地点				交付日期	
三方评价结果 （百分制）	自己评价	小组互评	客户评价	验收结论 （百分制）	
元器件、材料及工具归还清单					
序号	材料及工具名称	型号及规格		数　量	备　注
1					
2					
3					
4					
5					
6					
7					
8					
客户或任务负责人 （签字）		年　月　日	团队负责人 （签字）		年　月　日

3. 工作总结与展示。

（1）回顾在本次任务的学习过程中，你所学会的专业知识和技能，遇到的问题及解决方法，以及所积累的学习和工作经验，写一篇不少于 1000 字的工作总结。

要求：结构完整，重点突出，语言流畅，无错别字。

（2）将你的工作总结制作成一份 PPT 演示文稿，并进行结合自己的安装成果进行集中展示。

要求：演示文稿文字内容简洁明了，幻灯片页面编辑美观，动画设置生动形象，有很强的吸引力。

任务评价

1. 根据每个小组成员在本任务学习过程的表现情况，按劳动组织纪律、职业道德及素养和专业知识及技能三个方面如实填写《学习任务过程性考核记录表》，见附录 1。

2. 根据自己或本组成员在此任务中的表现情况，按照"客观、公正和公平"原则，在教师的指导下按自我评价、小组评价和教师评价三种方式对该教学项目进行综合评价。综合等级按：A（100~90）、B（89~75）、C（74~60）、D（59~0）四个级别进行填写，见表 3.6.4。

表 3.6.4   学习任务综合评价表

考核项目	评价内容	配分	评价分数		
			自评	互评	师评
职业素养	劳动保护穿戴整洁，仪容仪表符合工作要求	5分			
	安全意识、责任意识、服从意识强	6分			
	积极参加教学活动，按时完成各种学习任务	6分			
	团队合作意识强，善于与人交流和沟通	6分			
	自觉遵守劳动纪律，尊重师长、团结同学	6分			
	爱护公物、节约材料，管理现场符合6S标准	6分			
专业能力	专业知识查找及时、准确，有较强的自学能力	10分			
	操作积极、训练刻苦，具有一定的动手能力	15分			
	技能操作规范，注重安装工艺，工作效率高	10分			
工作成果	项目安装符合工艺规范，线路功能满足要求	20分			
	工作总结符合要求、展示成果制作质量高	10分			
总　分		100分			
总　评	自评×20%+互评×20%+师评×60%=	综合等级	教师（签名）：		

注意：本学习任务采用的是工作过程系统化的考核和评价方式，各种评价表格是评价学生学业水平的重要依据，请同学们认真对待并妥善保留存档。

附录 1

学习任务名称：_____

班级名称：_____　　学习地点：_____　　团队名称：_____　　组长：_____

学习时间：____年____月____日起至____年____月____日止　　教师签名：_____

学习任务过程性考核记录表

序号	姓名	岗位名称	劳动组织纪律										职业道德和素养						专业知识与技能			
			早训午训	迟到	早退旷工	请假	零食	打闹	睡觉	离岗	游戏	闲聊	卫生工具	仪表礼仪	安全	服从	责任态度	展示6S	学习笔记	产品工艺	技能训练	工作任务书完成质量
1																						
2																						
3																						
4																						
5																						
6																						

记录说明：（1）两课：指做操时迟到、早退或缺席，后面的迟到、早退或缺席是指和旷课是指上课期间考勤记录情况；（3）工具：指上课学习或实训不带工作帽等。工具以及工具不带不齐；（4）卫生：指所打扫工作台或实训室卫生不达标；（5）仪表：指不穿工装、不戴校牌、染发、必要时不戴工作帽等。（6）礼仪：指不按要求问好，不尊重老师，骂脏话等。（7）安全意识：指乱动实训设备、电源、违章作业等；（8）服从意识：指不听老师或管理人员安排工作，顶撞或威胁他人等；（9）责任意识：指做事不认真、敷衍了事，不爱护或损坏公物、浪费实训材料等；（10）态度：指不积极，不主动参加各种教学活动，没有团队精神等。

注：劳动组织纪律各项用"正"字的1笔表示违反1次或1节课，职业道德和素养以及专业知识和技能分"优、良、中、不及格"五等，分别用"A、B、C、D、E"进行标注。

下　篇

学习参考资料

参考资料1 会议室语音系统安装与维护

任务与参考资料分析

随着社会和经济的发展，大到国家政府机关、小到一般的企事业单位之间的文化交流和技术合作越来越频繁。迫切需要一些能开展公务接待、学术交流、工作报告、技术研讨等活动的场所，如图 1-0-1 所示的接待大厅，图 1-0-2 所示的报告大厅，图 1-0-3 所示的圆桌会议厅、图 1-0-4 所示的多功能会议室等。这些现代化的会议场所都应用了现代视讯展示、数码电声处理、自动化电器处理等组成的多媒体声光像技术。作为电子技术应用专业的高素质技能型人才，掌握这些设备的安装、调试和维护方面的知识和技能对以后的学习或工作都是非常必要的。

图 1-0-1 接待大厅

图 1-0-2 报告大厅

图 1-0-3 圆桌会议厅

图 1-0-4 多功能会议室

本次任务要完成一个简易会议室语音系统的安装与维护，需要大家自主学习会议系统的发展与应用领域，弱电线缆及接插件的类型、规格、选用及线缆制作方法，有线或无线话筒、功放机、调音台、音箱等语音设备，投影仪、显示器等视频设备的类型、接插口类型及正确的操作方法，各种语音、视频等设备的安装、连接、调试等工艺知识。此外，还要培养能识读和用 Visio 2007 绘图软件绘制简单的会议系统安装图、接线图，能与人合作、与人交流、解决问题等方面的职业综合能力。

参考资料

1.1　会议系统的发展、组成及设计

【知识要点】
➢ 会议系统的设备构成；
➢ 会议系统的发展历程；
➢ 会议系统的常见类型；
➢ 多媒体会议系统设计。

会议系统主要包括：基础话筒发言管理，代表人员检验与出席登记，电子表决功能，脱离电脑与中控的自动视像跟踪功能，资料分配和显示，以及多语种的同声传译等。它广泛应用于监控、指挥、调度系统、公安、消防、军事、气象、铁路、航空等领域，深受用户的青睐。

一、会议系统设备构成

1. 基本系统

最基本的会议系统是由麦克风、功放、音响、桌面显示设备（如桌面智能终端、液晶显示器）等设备组合而成的，如图 1-1-1 所示。它们起到了传声、显示、扩声的作用，达到能看、能听、能说话。

图 1-1-1　基本会议系统

2. 现代系统

随着科技的发展、功能需求的提升，特别是电脑、网络的普及和应用，会议系统的范畴更大了，包括了表决/选举/评议、视像、远程视像、电话会议、同传会译、桌面显示，这些是构成现代会议系统的基本元素，同时衍生了一系列的相关设备，比如中控、温控制、光源控制、声音控制、电源控制等。现代科技发展的促使下，会议系统定义成是一整套的与会议相关的软硬件。

二、会议系统发展历程

1. 原始会议形式

远古的部落氏族会议，就是把大家召集到一个空旷的地方共同讨论一些重要的事情，受条件限制，会场中不可能配备类似现代会场中的任何电器设备，这样的会议形式历经原始社会、奴隶社会、封建社会，几乎占据了人类发展的整个历史过程。设备空白的会议形式严重地影响了大型会场中人与人之间的沟通与交流。

2. 第一代会议系统

工业革命以后，科技的进步使电子技术有了突破性发展。会议的组织形式变成多只话筒一字排开同时接入现场的电声设备，与会者通过电声设备获取信息，只是会议讨论时，你一句我一句，特别是某些大型会议，会议的组织很难有序进行。

3. 第二代会议系统

随着时间的推移，人类研制出单电缆连接的专业音频会议系统（即"手拉手"音频会议系统），近几年，这种会议系统的应用愈加广泛，作为会议有效的组织和沟通的工具，这种音频会议系统使会议进入有序的会议组织时代。

4. 第三代会议系统

随着大规模、超大规模集成电路投入使用的数字时代的到来，其高保真度的语音质量、高清晰度的图像质量备受使用者的青睐。会议系统由模拟音频过渡到数字音频。

5. 第四代会议系统

在人类的交流过程中，有效性的信息55%～60%依赖于视觉效果，33%～38%依赖于声音，只有7%依赖于内容，所以单单一个声音的表现远远不能满足现代会议的要求。所以现代会议我们需要高质量的音频信号，高清晰的视频动态画面及图像、实物资料，准确无误的数据表达及一套实用高效的控制系统，以方便实现所有操作。这时的会议系统不但进入了有序的组织状态，同时也保证了会议高效的进行，是目前世界上最具有现实意义的会议组织的工具。

6. 第五代会议系统

在科学技术高速发展的时代，硬件会议系统的不便携带已经阻碍企业异地开会，企业更需要"流动型"的会议系统，也就是现在说的软件会议系统，只要能上网的地方就可以轻松召开会议。同时3G手机也可以通过3G网络参加会议。应用PSTN网络渠道，借助多方互联的信息手段，把分散在各地的与会者组织起来，通过电话进行业务会议的沟通形式。利用电话线作为载体来开会的新型会议模式。从功能上讲，打破通话只能局限于2方的界限，可以满足3方以上（根据不同提供商的产品，及时语实现多方同时通话）具有电话无法实现的沟通更加顺畅、信息更加真实、范围更加广泛等特点。受到资费的限制多数应用于企业日常工作中。

三、会议系统的类型

（一）按设备配置划分

1. 会议室会议系统

会议室会议系统将会议地点安排在专用的会议室中。在会议室中配置了专用的高质量硬件和软件、大屏幕显示器以及音响系统。系统通常使用专用的宽带通信信道，能为与会者提供接近广播级的视频通信质量，因而视频效果好。这种系统主要用于有固定地点和时间的大型会议。

2. 桌面会议系统

个人计算机（PC）是常用的桌面事务处理工具。把会议系统的视音频编解码器和通信接口集成到 PC 中就可构成桌面会议系统，如图 1-1-2 所示。桌面会议系统使用公共通信网络通信。利用桌面终端可以随时参加远程会议，与他人讨论问题。桌面会议设备的价格相对便宜，视频质量在专业级以下。

图 1-1-2　桌面会议系统

（二）按计算机设备划分

1. 电视会议系统

电视会议是一种用于会议用途的电视系统，传送的主要是视音频信号，也可以用传真机和资料摄像机等辅助设备传送会议文件。电视会议终端一般安装在专用会议室内，用于大型会议。

2. 计算机会议系统

计算机会议系统是以计算机为终端的会议系统。使用计算机可对会议进行有效的控制和管理，与会者交互性强，可实现应用程序和工作空间的共享。计算机会议又可分为异步会议和同步会议。在异步会议中，会议用户不必同时处于激活状态，可通过公告板、电子邮件方式召开通信会议。而在同步会议中，所有用户同时处于激活状态，他们利用实时的视频、音频或数据消息进行交流，

（三）按信息流类型划分

1. 音频图形会议系统

音频图形会议系统主要利用语音进行多方交流，并辅以传真机等通信设备传送图形文

件。这是一种早期的会议系统形式。

2．视频会议系统

视频会议是利用数字视频压缩技术在会议中使用视频信息流的系统，这类系统又被称为视听会议，如图 1-1-3 所示。在会议中，与会者不仅可以听到其他人的说话声，还可以看到其他人的手势和面部表情。

图 1-1-3　视频会议系统

3．数据会议系统

数据会议系统是利用计算机系统在窄带宽的通信网络上交换数据信息的会议。会议可以采用同步或异步形式。在会议终端上运行的是用户数据应用程序。

4．多媒体会议系统

多媒体会议中的信息流是实时音频、视频和其他多媒体数据。同时，作为协同工作的支撑工具，多媒体会议系统支持用户应用程序共享，提供描绘讨论的电子白板和文字交谈程序。多媒体的概念不仅表现在信息流的形式上，也表现在集成化的共享空间、多用户交互性以及对多媒体信息的一致性控制。

5．虚拟会议系统

虚拟会议系统是会议系统的高级形式。与常规会议系统采用的视频窗口形式不同，虚拟会议中的与会者统一出现在虚拟会场中。多点控制设备（MCU）混合接收到的音频和视频码流，在编码状态下生成虚拟会议室，并把混合后的会议流传送给每个与会者，各用户的视频流是在其相应终端处由视频和音频数据经计算产生的。

四、智能多媒体会议系统设计

智能多媒体会议系统，实现了数字会议系统与中央控制系统的无缝连接，整合了包括音响扩声系统、会议讨论系统、同声传译系统、投票表决系统、自动跟踪摄像系统、多媒体视频系统以及网络视频会议系统等多个子系统；在无线触摸屏操控下，通过中央集成控制系统将以上各子系统与整个会议环境有机的结合成为一个整体，实现了会议的智能化管理。

（一）中央控制系统

中央控制设备集灯光、机械、投影及视音频控制手段于一体，为使用者提供简单、直接的控制方案，令使用者能方便地掌握整个空间环境各设备的状态及功能。

整个系统以中央控制器为核心。它以控制总线与各个设备相连接，接受操控者发出的控制要求，然后向各个延伸控制设备及被控设备发出控制指令。所有控制功能通过专用系统软件编程而成，具体控制可通过彩色液晶触摸屏或普通 PC 机实现。其操作界面根据用户的实际要求，设置得直观而易于理解（全中文、图形模块化）、操作。

（二）音响扩声系统

多功能会议厅的音响效果需满足国家厅堂扩声系统设计的声学特性指标标准。在建筑声学配合的基础上，一般还需要通过使用扩声设备进行音效补偿。

扩声系统主要由三大部分组成：声源、中央控制处理设备（调音台）、扬声器系统。

（1）声源：主要包括会议话筒和录放音卡座，DVD 影碟机等声源设备，可播放普通或金属磁带、CD 唱片、DVD 影音图像，录放卡座还可对会议广播进行高质量的录音。

（2）多路会议专用调音台：是本系统的中央控制设备，可进行多路音频信号混合放大、切换，高低音调节，效果补偿控制，音量大小调整，录音、放音使用。

（3）扬声器：整个扩声系统的音质及声场均匀性主要取决于扬声器的品质和布置方式。

扩声系统设计通常都从声场设计开始，因为声场设计是满足系统功能和音响效果的基础，涉及扬声器系统的选型、供声方案和信号途径等，是非常复杂烦琐的工作。由于计算机技术的飞跃发展，现在可采用专门的声学软件工具进行计算，以获得满足预期要求的声场设计方案。扬声器系统确定后，才能进行功率放大器驱动功率的计算和驱动信号途径的确定；然后再根据驱动功率的分配方案进一步确定信号处理方案和调音台的选型等。

（三）会议发言系统

会议发言系统包括手拉手会议讨论系统、投票表决系统和同声传译系统。

1. 手拉手会议讨论系统

系统中所有话筒之间都用专用线串联起来，最后到会议主机，如同手拉手一般。在进行中大型团体会议交流时，会议发言者众多，手拉手会议发言系统能保证每个人发言很方便，同时又便于会议管理。

该系统一般由 1 个主席发言机（控制机）控制多个代表发言机，系统组成及功能如下：主席发言机：具有优先发言权、控制发言权和系统设置权；每个系统设置一个主席机；副主席发言机：具有优先发言权、控制发言权；每个系统设置一个副主席机；代表发言机：具有申请发言、发言排队、听取发言功能；每个系统可设置 5～120 个发言代表机；会议主机：接受主席机的指令，对代表机进行控制。

2. 投票表决系统

在会议讨论系统的每台设备上增加投票表决功能，用来进行选举及投票会议。其主要设备包括：

投票表决器：让参会代表用来进行投票；

资料显示器：用来显示会议议程、代表及会议背景资料、表决结果等信息；

代表身份管理器：用来确认代表身份；

投票管理软件：该软件用来管理复杂的投票表决型会议，有话筒管理、表决管理、签到管理、同传系统管理等功能模块。

3. 同声传译系统

用来进行国际间会议交流。使用多语种的参会代表一起开会的过程中，当使用任意一语种的代表发言时，由同声翻译员即时翻译成其他语种，通过语言分配系统送达每一个参会代表前，使其可以选听自己所懂的语言，达到多语言交流的目的。

该系统是在会议讨论系统的每台设备上增加了同声传译系统中的语言通道选择功能，并相应增加以下的设备构成：

译员机：让翻译员把所翻译语言传送到系统中去，让参会代表选听；

语言分配系统：同声传译系统的语言分配系统可分为无线式或有线式；

① 无线式——可流动使用，设备、空间利用率高。缺点是设备昂贵，保密性不如有线式；现多使用红外线无线系统，性能稳定，红外线不能穿过墙壁，具有保密性。

② 有线式——设备便宜、性能稳定、维护费用低、具有保密性。缺点是施工较复杂，不方便流动使用。

（四）自动跟踪摄像系统

自动跟踪摄像系统可为会议提供高质量的现场视频图像信号资源。它能通过数字发言系统激活，在无人操作的情况下准确、快速地对发言人进行特写。其采集到的信号可输出给大屏幕背投影系统及远程视频会议系统。

一般来说，自动跟踪摄像系统要求在会议桌的顶部纵向安装几台高速半球摄像机，主要作用是采集发言人的特写。在会议室大屏幕上方安装一台全景固定摄像机，用来在无人发言时拍摄全场画面。

发言系统的中央控制器的一个控制端口连接到视频矩阵的控制端口，当发言系统的某话筒开启后，中央控制器将串口命令发送给视频矩阵。视频矩阵根据预先设置好的操作程序，对相应的摄像机发出操作命令，并同时将此摄像机拍摄的信号从输出口输出到会议视频系统或远程视频会议系统。

（五）多媒体视频系统

随着电脑技术的发展，多媒体视频系统已成为现代会议系统不可或缺的部分，其内容主要包括可联电脑的投影系统、实物投影系统、智能白板等，以满足现代化信息交流的需要。通过它可以把已有的其他信号，如闭路电视、广播电视、网络电视会议信号等送入该多媒体会议系统；还可把每个会场的多媒体会议信号送出到网络出口，进行网络电视会议交流。

多媒体投影机：专业多媒体投影机具有高亮度（2900ANS 流明）、高分辨率（1 024×768 兼 1 280×1 024）、真彩色显示功能，不但可以放映录像机、LD、DVD 影碟机的视频图像，更可以在大屏幕（150 英寸）上真实投影计算机图形文字（或计算机网络信息），此功能特别适合作项目介绍、讲座教学等。

实物展示台：高亮度实物展示台，可把任何实物、讲稿、幻灯片经摄像后传送给投影机，投射在大屏幕上向听众展示。

电子白板：该设备能把讲座中使用的笔记本电脑的显示屏内容通过投影机投射在电子白

板上，并让讲座者方便地直接在电子白板上控制电脑演示程序，并进行书写、标记，可存盘，可通过网络会议设备异地同时开会讨论，是现代多媒体会议系统必备和有效的交流工具。

（六）远程视频会议系统

远程视频会议系统利用通信线路实时传送两地或多个会议地点与会者的形象、声音，以及会议资料图表和相关实物的图像等，使身居不同地点的与会者互相可以闻声见影，如同坐在同一间会议室中开会一样，如图 1-1-4 所示。

图 1-1-4　远程视频会议场景

目前大多数的远程视频会议系统都基于 IP 网络，一般由若干多媒体会议终端、IP 网络和多点控制服务器组成。会议终端是指配有视频采集设备摄像机和编解码卡、音频输入输出设备话筒和音箱以及终端应用程序的多媒体 PC；多点控制服务器是一台高性能服务器。一个典型的集中式多点会议是所有终端以点对点方式向多点控制服务器发送视频流、音频流和控制流，多点服务器则遵循一定的控制协议对会议进行集中式管理，进行混音、数据分配以及视频信号混合和切换，并将处理结果送回参加会议的终端。

1.2　音响线材的类型、选用与制作

【知识要点】
> 常用音响设备连接头；
> 音响线材类型、组成；
> 音视频线材的制作方法。

一套可使用的音响设备，无论是专业系统还是非专业的民用音响设备，除了设备本身外还需要各种连接线材将设备进行连接才能够使用。通常民用的设备从简单的 DVD 机到一套组合音响的线材都是附带的，也就是不用另加购买或制作；但一套专业的扩声或 VOD 工程中由于安装环境的不同，其使用的线材都是需要施工人员自己进行制作的。而一根完整的音视频线材是由接插头和线组成的。本部分主要介绍常用音视频设备的连接插头、线材类型及制作方法。

一、常用音视频设备的连接插头

在一个音视频工程中设备的输出、输入信号种类可分为音频信号和视频信号。音频信号根据阻抗的不同，大致可分为平衡信号和非平衡信号（音源设备如 DVD 播放机/卡座/CD 播放机及的输出多为非平衡信号）。因此，连接插头也有平衡和非平衡之分，平衡插头为三芯结构，非平衡插头为二芯结构。音频插头中还有一种功放与音箱连接用的专用插头，这种插头常见的为四芯结构（也有二芯、八芯），又因为是瑞士 NEUTRIK（纽垂克）公司发明，因此又称为"NEUTRIK（纽垂克）插头"或"四芯（二芯、八芯）音箱插头"。

（一）常用的平衡信号插头

（1）卡侬插头（XLR）：卡侬头分为卡侬公头（XLR Male）和卡侬母头（XLR Female）。卡侬头公、母的辨别很简单，带"针"的为"公头"，带"孔"的为"母头"。很多音响设备的输入、输出端口为卡侬接口，同样带"针"的接口为"公座"，带"孔"的接口为"母座"，如图 1-2-1 所示。

（a）卡侬公头（XLR Male）　　　　　　（b）卡侬母头（XLR Female）

图 1-2-1　卡侬插头

（2）大三芯插头或 6.3 mm 三芯插头（PhoneJack Balance）：如图 1-2-2 所示。

图 1-2-2　大三芯插头

（二）常用的非平衡信号插头

（1）大二芯插头（PhoneJack Unbalance），如图 1-2-3 所示。

（2）小三芯插头或 3.5 mm 三芯插头，如图 1-2-4 所示。

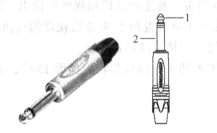

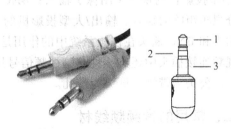

图 1-2-3　大二芯插头　　　　　　**图 1-2-4　小三芯或 3.5 mm 三芯插头**

小三芯插头外观与大三芯插头类似，只是体积要比大三芯小。小三芯插头为三芯，前面说过三芯为平衡信号插头，但在通常的音响工程中小三芯插头多用于电脑及便携式音源（便携 CD/MP3 等）的音频信号输出。因此，将小三芯插头归入非平衡信号插头之列。

（3）莲花插头（RCA），如图 1-2-5 所示。

（4）Neutrik（纽垂克）音箱插头（Speakon）：如图 1-2-6 所示。

图 1-2-5 莲花插头（RCA）

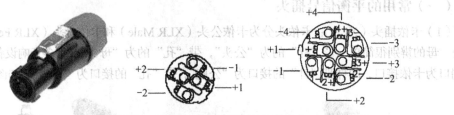

图 1-2-6 二芯、四芯、八芯音箱插头

Neutrik 插头常用的为四芯，也有二芯、八芯音箱插头。它们外观基本相同，只有尺寸大小的差异。通常情况下音箱的接口为四芯插头，如是八芯插头，音箱后部会有标注；功放的输出端口为四芯插头。

（三）常用视频连接插头

常用视频连接插头如图 1-2-7 所示。

（a）莲花插头　　　　　　　　（b）BNC 插头　　　　　　　（c）VGA 插头

图 1-2-7 常见的视频插头

莲花插头在视频系统中主要是模拟视频信号的输出、输入之用，如 DVD 机视频（图像）输出/小型投影机的视频（图像）输入；BNC 或 Q9 插头主要使用在模拟视频的输出、输入，如部分视频矩阵的输入、输出/大型投影机的视频输入（分量视频）/专业监视器的视频输入。莲花插头和 BNC 插头在视频系统中的作用是相同的，只是接口形式不同。

视频连接插头中还有一种电脑视频信号用的 VGA 插头。接口形状为梯形 15 针，分公、母插头，公头为带针，母头为带孔。

二、常用的音频频线材

常用的音频线材有话筒线、音频连接线、音频信号缆和音箱线四种类型。

1. 话筒线

话筒线为二芯带屏蔽，每芯为若干细铜丝的结构。通常由两芯、每芯的护套层、抗拉棉纱填充物、屏蔽层及外层橡胶护套层组成，如图 1-2-8 所示。话筒线外部橡胶护套层通常为黑色，也有红、黄、蓝、绿等不同颜色。屏蔽层分为缠绕和编制两种，缠绕为屏蔽层缠绕在两芯及棉纱填充物外部，编制为屏蔽层按照"网状"结构缠绕在两芯及棉纱填充物外部。编制屏蔽话筒线比缠绕屏蔽话筒线从物理角度来讲抗干扰能力要好同时价格也稍贵一些。话筒线也可作设备之间的连接，但成本较高建议连接设备时使用音频连接线。

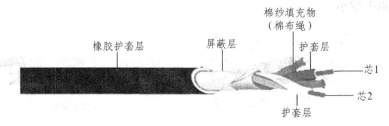

图 1-2-8　话筒线

2. 音频连接线

音频连接线同样是二芯带屏蔽结构与话筒线类似。两个芯和屏蔽层为铜质镀锡，外观为银白色，如图 1-2-9 所示。音频连接线无棉纱填充物，抗拉强度差，所以很少用于话筒的连接，在特殊情况下可作短距离临时连接话筒用。通常在音频工程中，机柜内部的设备连接采用音频连接线，因为音频连接线比话筒线细一些，方便机柜内部线材的捆扎，捆扎后比较美观且成本比话筒线低。

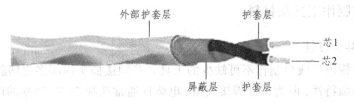

图 1-2-9　音频连接线

3. 音频信号缆

音频信号缆其实就是若干根音频连接线组合在一根缆线中。因内部音频连接线的数量不同，有 4、8、12、24 等路数之分。其结构如图 1-2-10 所示。音频信号缆的重量较大，通常缆的内部有一根钢丝用来增加抗拉强度。音频信号缆多用于现场演出中周边设备与功放的信号传输连接，音响工程中控制室至舞台的信号连接。

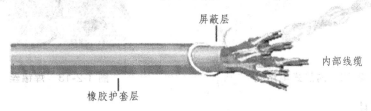

图 1-2-10　音频信号缆

4. 音箱线

音箱线从外观来说有护套音箱线、金银线之分。护套线根据外层护套和使用场合的不同又有橡套音箱线和塑套音箱线等。金银音箱线通常为透明或半透明护套包裹金色和银色的铜质线芯，因此俗称"金银线"。也有两根芯为同色的，但在一根芯的外层护套上通常印有文字以便对两根芯进行区分。总之，音箱线最基本为两根各自带有护套的铜质线材，如图 1-2-11 所示。音箱线根据使用要求的不同，还有多芯的音箱线，如四芯音箱线。音箱线还有截面面积的不同，也就是铜芯粗细不同，如 1 mm²、2 mm²、4 mm² 等。截面面积越大的音箱线，传输信号时功率损失越小。

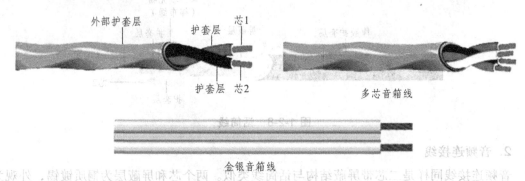

图 1-2-11   不同的音箱线

三、音箱线材的制作

线材制作有音频线材和视频线材的制作，这里主要介绍音频线材的制作方法。

（一）线材制作工具及材料

1. 焊接工具及材料

电烙铁和焊锡丝是线材制作不可缺少的工具。音频接插头内部多为塑胶绝缘材料，虽然具有一定的防高温特性，但为保证焊接质量，电烙铁通常选择 30 W 功率的产品，如图 1-2-12 所示。功率过低，不易融化焊锡丝；功率过高，容易烫坏接插头内部的塑胶绝缘材料。焊锡丝通常选用含锡量在 67% 以上的。现在的焊锡丝多为带松香的焊锡丝，如焊锡不带松香在焊接时焊接点不易黏锡，建议在焊接时使用松香或焊锡膏，如图 1-2-13 所示。

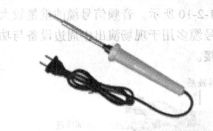

图 1-2-12   内热式电烙铁

图 1-2-13   焊锡丝

2. 剪切工具

斜口钳是剪切线材和刨掉各层护套层以便露出铜质线材的工具，是线材制作中经常使用的辅助工具，如图 1-2-14 所示。尖嘴钳常在二芯、三芯、莲花插头焊接后加固定线材与插头时使用，如图 1-2-15 所示。

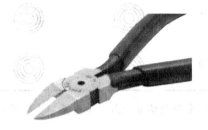

图 1-2-14　斜口钳 　　　　　　　　图 1-2-15　尖嘴钳

3. 旋　具

小一字改锥常用于音箱插头与音箱线时的连接。音箱插头内大多数采用"一字"头的螺丝来固定音箱线，如图 1-2-16 所示。

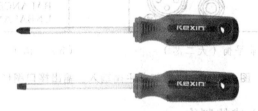

图 1-2-16　十字和一字旋具

音频插头有平衡和非平衡之分，与之相应焊接好的线材同样也有平衡信号用线材和非平衡信号用线材的区分。平衡信号线材包括：卡侬线（公对母、公对公、母对母），卡侬（公、母）对大三芯、大三芯对大三芯；非平衡信号用线材包括：大二芯对大二芯、莲花对莲花、大二芯对莲花。平衡与非平衡插头也可在一根线材上使用，即平衡信号转非平衡信号用线材，如：卡侬（公、母）对莲花或大二芯插头，大三芯对莲花或大二芯插头。总之，一根线材的两端均为平衡信号插头，那么就是平衡信号用线材；两端均为非平衡信号插头，就是非平衡信号线材。

这里需要强调的是信号平衡与否并不取决于插头和线材，而取决于设备是否采用平衡或非平衡的形式输入和输出信号，可以从设备背板的输入和输出接口来了解该设备是采用什么输入、输出方式：卡侬及大三芯输入、输出的设备为平衡输入、输出方式，大二芯及莲花头输入、输出的设备为非平衡输入输出方式。

图 1-2-17～1-2-19 所示为三种不同输入、输出接口图形。

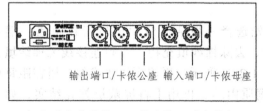
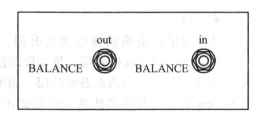

（a）平衡信号输入、输出接口（卡侬）　　　　（b）平衡信号输入、输出接口（大三芯）

图 1-2-17　平衡信号输入、输出接口图形

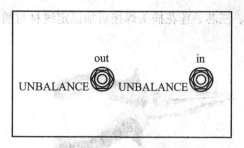
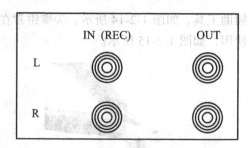

（a）非平衡信号输入、输出接口（大二芯）　　　（b）非平衡信号输入、输出接口（莲花）

图 1-2-18　非平衡信号输入、输出接口图形

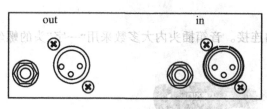
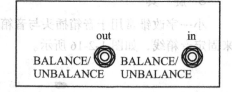

（a）平衡（卡侬）非平衡（大二芯）　　　（b）平衡（大三芯）非平衡（大二芯）

图 1-2-19　平衡与非平衡输入、输出接口图形

（二）卡侬（平衡）线的制作

卡侬线常用于话筒与调音台；调音台主输出与周边设备（如均衡器、分频器、音箱控制器）；周边设备（均衡器）、分配器或音箱控制器与功放的连接，总之用于卡侬输出、输入设备之间的连接。某卡侬输入、输出的音响设备接口图形如图 1-2-20 所示，输出信号端为"卡侬公座"（与母头连接），输入信号端为"卡侬母座"（与公头连接），因此设备连接用的卡侬线是一头为"卡侬公头"、另一头为"卡侬母头"的话筒线或音频连接线。下面以话筒线为例制作一根卡侬线。

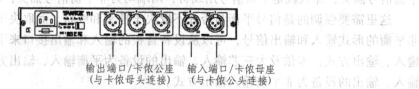

输出端口/卡侬公座　　　输入端口/卡侬母座
（与卡侬母头连接）　　　（与卡侬公头连接）

图 1-2-20　音响设备的输入、输出接口图形

1. 剥　线

在剥线前请将电烙铁通电使之升温。先选择一根话筒线用偏口钳在距离一端约 2.5 cm 处剥去外层橡胶护套层、拨开屏蔽层、去除棉纱填充物（音频连接线无棉纱填充物），只留下带护套层的两芯及屏蔽层，如图 1-2-21 所示。再用剥线钳或偏口钳在距每根芯的 0.5 cm 处刨去每根芯线的护套层露出铜质内芯，再用手将屏蔽层拧扎结实，如图 1-2-22 所示。

图 1-2-21　剥去护层　　　　　　　图 1-2-22　拧扎屏蔽层

2. 线材黏锡

用电烙铁黏焊锡涂抹在线材的铜质两芯和屏蔽层，屏蔽层涂抹的焊锡与两芯一样即可，如图 1-2-23 所示。

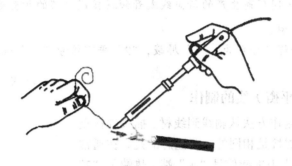

图 1-2-23　线材黏锡

3. 拆卡侬头、黏锡

将黏好锡的线材及电烙铁放置一旁取出一只卡侬头（公、母头都可以），拧下底盖、拆掉线卡及外壳取出内芯。卡侬头内芯焊接点，如图 1-2-24 所示。用上面的方法在卡侬头内芯的三个焊接点上黏锡。

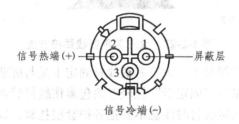

信号热端(+)　　　　　　　　　　　　　屏蔽层

信号冷端(-)

图 1-1-24　卡侬头内芯焊接点图

4. 焊　接

把卡侬头的底盖、线卡套入线材，将"红色护套的芯"与卡侬内芯上的焊接端"2"焊接；将"白色护套的芯"与卡侬内芯上的焊接端"3"焊接；将"屏蔽层"与卡侬内芯上的焊接端"1"焊接。将焊接好的内芯插入卡侬头外壳，插紧线卡，拧上底盖后线材的一端就焊接好了。采用同样的方法焊接线材另一头，如已焊接的是"公头"，则另一头就焊接"母头"。

注意：已焊接好的一端"红色的芯"焊接的是卡侬内芯的焊接点"2"，那么"红色的芯"

另一端的也应焊接在另一端卡侬内芯的 "2" 端点上，依此类推。也就是说同一根芯的两端应焊接在两个头的同一焊接点上，卡侬头内芯的焊接端 "1" 始终与话筒线或音频连接线的 "屏蔽" 焊接在一起，如图 1-2-25 所示。

图 1-2-25　卡侬线的焊接方法

提示： ① 不同厂商生产的话筒线或音频连接线每芯的护套颜色会不同，本次仅以 "红、白" 两种颜色为例。

② 卡侬头的三个焊点分别为："1" 屏蔽，"2" 平衡信号 "＋" 端（热端），"3" 平衡信号 "－" 端（冷端）。

（三）大三芯（平衡）线的制作

大三芯头的线材制作方法从剥线到线材、插头焊接点黏锡都是和卡侬线的焊接是相同的。要注意的是，在通常情况下大三芯头的 "1" 为平衡信号 "＋" 端（热端），"2" 为平衡信号 "－" 端（冷端），"3" 为平衡信号 "屏蔽" 端，如图 1-2-26 所示。大三芯平衡线焊接方法，如图 1-2-27 所示。

图 1-2-26　大三芯头各引脚功能

图 1-2-27　大三芯平衡线焊接方法

大三芯焊好后就要固定线材了。大三芯的线材固定卡是与屏蔽端连为一体的。具体方法是将线材束直，并用尖嘴钳将 "固定卡" 轻轻弯曲包裹住线材后再用尖嘴钳将固定卡钳紧。因固定卡边缘比较锋利，固定线材时注意不要把各护套层扎破，以免形成短路及断路。用同样的方法焊接线材的另一头后线材就焊好了。

（四）大三芯对卡侬头（公、母）线材的制作

在实际工作中我们会遇到所带的卡侬头（公/母）或大三芯头不够用了而设备的输入和输出端口同时具有卡侬和三芯两种形式（现在的设备通常都具有此种输入、输出方式），那么我们就可以制作一条卡侬（公/母）对三芯的线材。

剥线、线材、插头黏锡、线材套底盖的步骤完成后具体的焊接点位，如图 1-2-28 所示。

图 1-1-28　大三芯对卡侬头线材制作方法

（五）音源（非平衡）线的制作（大二芯对莲花头）

大二芯对莲花头的线材常用于音源（DVD、卡座、VOD 单机版等）与调音台的连接、KTV 工程中音频设备之间的连接。通常音源设备的输出、输入接口均为莲花接口形式，调音台的音源输入接口为大二芯形式。如图 1-2-29 所示。

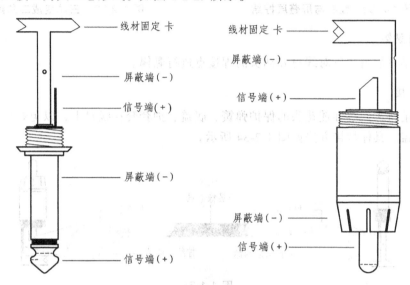

图 1-2-29　大二芯、莲花头焊接点位图

由于大二芯和莲花头都是两芯的结构（非平衡），话筒线或音频连接线包括屏蔽层共有三个芯，因此在刨线时就与卡侬、大三芯（平衡）的线材有所不同。

1. 剥　线

选择适当长度的线材，用斜口钳在距一端 3 cm 处刨去线材的外部橡套层；剪去棉纱填充物（话筒线）；将屏蔽层挑起露出芯"1"和芯"2"，如图 1-2-30 所示。再用斜口钳或剥线钳刨去白色护套芯的白色护套（见图 1-2-31），去除长度与屏蔽层外露的长度相同即可。线材剥好后形成屏蔽层、去除护套层的芯线两根铜线和一根带有护套的芯线共计三根线。

图 1-2-30　去掉橡套层和填充物

图 1-2-31　刨去白色护套

2. 线材的拧结

线材剥好后将去除护套的芯线和屏蔽层拧结在一起，如图 1-2-32 所示。拧结时应拧得结实些尽量不要松散。拧结好的线材形成了两芯的结构。线材拧结的目的是将三芯（两根芯线和一根屏蔽层）改为两芯，如图 1-2-33 所示，以便和两芯的插头（大二芯、莲花头等）焊接。

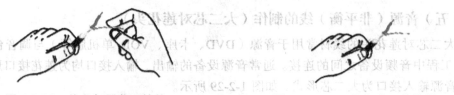

图 1-2-32　线芯与屏蔽层拧结　　　　　　　　图 1-2-33　三芯变成二芯线材

3. 线材黏锡

线材拧结好后就可以对线材和插头的焊接点进行黏锡。

4. 焊　接

焊接前请将大二芯和莲花头的保护弹簧、底盖、护套套在线材上，以免焊接好后无法套上插头的底盖。具体焊接方法如图 1-2-34 所示。

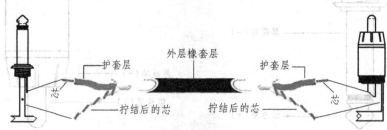

图 1-1-34

线材焊好后请用尖嘴钳将线材固定好并将底盖拧好。

（六）其他非平衡线材的制作

其他非平衡线材（大二芯对大二芯、莲花对莲花）的制作方法基本类似，只要线材的两端插头相同。如大二芯线就按照图 1-2-29 中大二芯一端的焊接方法，莲花线就采用莲花一端的方法。

1.3　常见会议室音视频设备基础

【知识要点】
➢ 话筒及音箱的类型及特性；
➢ 调音台的分类、组成及使用；
➢ 功放机的类型、性能指标及使用。

简易会议室系统包括的音视频设备主要有：中央控制器、调音台、投影仪、主电脑、功放机、电动幕布、话筒等。

一、话筒及音箱的类型及功能

（一）话筒的类型及功能

话筒又称麦克风、传声器，英文名称：Microphone，简称 MIC。它是一种电声器材，是声电转换的换能器，通过声波作用到电声元件上产生电压，再转为电能，用于各种扩音设备中。话筒种类繁多，电路较为简单。

1. 话筒的分类

按连接的方式，可分为有线话筒和无线话筒；按转换能量的方式，可分为为动圈话筒和电容话筒。

动圈话筒：由磁场中运动的导体产生电信号的话筒，如图 1-3-1 所示。动圈话筒是由振膜带动线圈振动，从而使在磁场中的线圈生成感应电流。特点：结构牢固，性能稳定，经久耐用，价格较低；频率特性良好，50～15 000 Hz 频率范围内幅频特性曲线平坦；指向性好；无需直流工作电压，使用简便，噪声小。

电容话筒：这类话筒的振膜就是电容器的一个电极，当振膜振动，振膜和固定的后极板间的距离跟着变。驻极体话筒化，就产生了可变电容量，这个可变电容量和话筒本身所带的前置放大器一起产生了信号电压。特点：频率特性好，在音频范围内幅频特性曲线平坦，这一点优于动圈话筒；无方向性；灵敏度高，噪声小，音色柔和；输出信号电平比较大，失真小，瞬态响应性能好，这是动圈话筒所达不到的优点；工作特性不够稳定，低频段灵敏度随着使用时间的增加而下降，寿命比较短，工作时需要直流电源造成使用不方便。电容话筒如图 1-3-2 所示。

图 1-3-1　动圈话筒　　　　　　　　　　图 1-3-2　电容话筒

2. 无线话筒

无线话筒，是由若干部袖珍发射机（可装在衣袋里，输出功率约 0.01 W）和一部集中接收机组成，每部袖珍发射机各有一个互不相同的工作频率，集中接收机可以同时接收各部袖珍发射机发出的不同工作频率的话音信号。它适用于舞台讲台等场合，如图 1-3-3 所示。

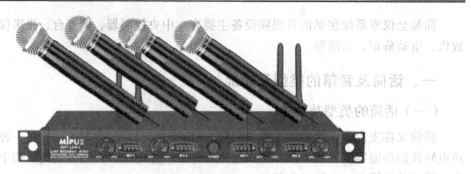

图 1-3-3　无线话筒

3. 话筒的主要特性

（1）话筒的指向。

话筒的指向，就是指话筒所能拾音的方向和范围。一般分为心形、超心形、8 字形、枪式、全向指向等，如图 1-3-4 所示。箭头所指正前方，虚线为可拾音的大致范围，在这个范围之外，拾音将不灵敏。

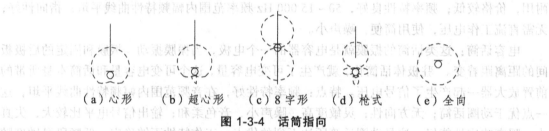

（a）心形　　（b）超心形　　（c）8 字形　　（d）枪式　　（e）全向

图 1-3-4　话筒指向

（2）话筒的阻抗。

专业录音室应使用低阻抗话筒，由于可能要用到很长的电缆来连接，所以用低阻抗话筒可减少信号衰减现象。

（3）平衡线与非平衡线。

平衡线由两根导线和一根屏蔽线构成；非平衡线中则只有一根导线，用屏蔽线代替第二根导线。平衡线的优点在于，该线的两根导线拾取不需要的噪声信号的强度相等，因而二者能互相抵消掉。而非平衡线则把噪声信号传输到线路的下一级。如果音频信号很强或非平衡线很短，可能不会听到噪声。但话筒线一般都很长，所以，我们要使用平衡线，并相应地使用平衡的插头：XLR（俗称卡侬头或公母头），或者是大三芯的 TRS。

（二）音箱的类型、组成及功能

音箱是整个音响系统的终端，其作用是把音频电能转换成相应的声能，并把它辐射到空间去。它是音响系统极其重要的组成部分，因为它担负着把电信号转变成声信号供人的耳朵直接聆听这么一个关键的任务，它要直接与人的听觉打交道，而人的听觉是十分灵敏的，并且对复杂声音的音色具有很强的辨别能力。由于人耳对声音的主观感受正是评价一个音响系统音质好坏的最重要的标准，因此，可以认为，音箱的性能高低对一个音响系统的放音质量起着关键作用。常见的音箱如图 1-3-5 所示。

图 1-3-5　常见的音箱

1. 音箱的组成结构

音箱主要是由扬声器、分频器、箱体等组成。

（1）扬声器。

扬声器在音响设备中是一个最薄弱的器件，而对于音响效果而言，它又是一个最重要的部件。扬声器有多种分类方式：按其换能方式可分为电动式、电磁式、压电式、数字式等多种；按振膜结构可分为单纸盆、复合纸盆、复合号筒、同轴等多种；按振膜开头可分为锥盆式、球顶式、平板式、带式等多种；按重放频可分为高频、中频、低频、超低频和全频带扬声器；按磁路形式可分为外磁式、内磁式、双磁路式和屏蔽式等多种；按磁路性质可分为铁氧体磁体、钕硼磁体、铝镍钴磁体扬声器；按振膜材料可分纸质和非纸盆扬声器等。

（2）箱体。

箱体用来消除扬声器单元的声短路，抑制其声共振，拓宽其频响范围，减少失真。音箱的箱体外形结构有书架式和落地式之分，还有立式和卧式之分。箱体内部结构又有密闭式、倒相式、带通式、空纸盆式、迷宫式、对称驱动式和号筒式等多种形式，使用最多的是密闭式、倒相式和带通式。

（3）分频器。

分频器有功率分频和电子分频器之分，主要作用均是频带分割、幅频特性与相频特性校正、阻抗补偿与衰减等作用。

2. 音箱的分类

按使用场合，可分为专业音箱与家用音箱两大类；按放音频率，可分为全频带音箱、低音音箱和超低音音箱；按用途，一般可分为主放音音箱、监听音箱和返听音箱等；按箱体结构，可分为密封式音箱、倒相式音箱、迷宫式音箱、声波管式音箱和多腔谐振式音箱等；按扬声器单元数量的多少，可分为 2.0 音箱、2.1 音箱、5.1 音箱等；按箱体材质，可分为木质音箱、塑料音箱、金属材质音箱等。如图 1-3-6 所示为 2.0 声道有源音箱。

图 1-3-6　2.0 声道有源音箱

3. 扬声系统的性能指标

扬声系统主要有频率响应、额定阻抗、功率、灵敏度、指向性、失真等性能指标。

4. 音箱摆放

（1）不同声道音箱的摆放技巧。

① 中置声道。

前方中置音箱一般都放在尽量靠近图像屏幕中心的位置，中置声道音箱对电影对白的音质影响最大。为了保证对白准确地定位在屏幕中央且声音清晰，应该使用专门为中置声道设计的单独音箱，而不要用普通的书架音箱或电视机内部的扬声器来代替。

② 左、右声道。

这两只音箱的摆放与中置声道音箱的位置有一定关系。为了保证声像左、右移动的平稳性，它们应分别摆放在中置声道音箱的两侧，并且这三只音箱应与屏幕前最佳听音者的位置保持相等的距离。一般来说，中置音箱的摆位应该比左、右两只音箱退后一段距离，直到两者声场能完全结合在一起，共同营造出真正统一的声像定位。后退的距离与空间大小、聆听位置和所用音箱有关，可通过试验来确定。

③ 环绕声道。

环线音箱的摆放应视听音环境（房间情况）和环线音箱的类型而有所不同。左环绕与右环绕这两声道的音箱，其声音的扩散性应重于方向性，这样有利于营造浓郁的环绕气氛。偶极型音箱摆放时，要着重考虑两个因素：谐振和自我衰削。抗谐振的最佳位是离顶棚（或地面）20% 的室内空间高度处（如室内高度为 2.5 m，则最佳位置为上、下 50 cm 处）。为了使频率响应更平滑，可以加一种叫低频"陷阱"的新装置（吸收低音频）来消除导致声音自衰的反射。

④ 超低音形。

通常把超低音音箱放在前方墙角附近，最好离墙角 1 m 以上，这样可减小驻波的干扰。也可将超低音音箱放在最佳聆听位置的两侧，保持适当的距离，因为人耳对于两旁传来的超低音的方向性不太敏感，所以此时超低音不会干扰到前方三个声道原有的声像定位。当然，最好的摆放位置还是应通过试验来决定。

（2）根据建筑空间不同的位置有以下七种摆放方法：

① 轴线内侧法。

摆法：首先将音箱摆在房间的 1/3 ~ 1/2 长度之间，然后分别将音箱尽量靠侧墙，如果房间太宽的话则不一定要紧靠侧墙。音箱的向内角度要大于 45°，聆听位置要在两个音箱的投射角交叉线交点之后 0.5 ~ 1 m。

效果：如果听因环境复杂，如吸音不对称、个房三尖八角、房间太细长，而音箱的声音高音尖锐、中音瘦、低音又不够的话，可以考虑采用"轴线内侧法"。

② 正三角形法。

摆法：第一个条件是音箱要离开后墙（至少要有 1 m 以上）与侧墙（至少要有 0.5 m 以上）。第二个条件是将两个音箱与聆听位置画成一个正三角形。第三个条件是两个音箱的向内投射角度也要 45° 或更多。第四个条件是这个正三角形可大可小。房间小、后级功率不大时正方形小些；房间大、后级功率大时正三角形就可扩大些。

效果：这就是俗称的近音场听法。它的好处是可以减少四面墙反射音对音箱直接音的过度干扰，因此得到很好的定位感以及宽深的音场。这是能够听到最多、最直接、最清楚细节的摆法。许多评论员在评音响时喜用此法。

③ 三一七比例法。

摆法：将房间长度均分为三等分（三），音箱摆在三分之一长度处（一），二音箱之间的间隔为房间三分之二长度的 0.7 倍（七）。音箱最好要有略微的向内投射角度，不过没有向内投射亦可，聆听位置不可贴靠后墙。

效果：此法用于尺寸较大、比例均匀（例如 1∶1.25∶1.6 或 1∶1.6∶2.5）的空间，可得到平衡的声音与宽深的音场。

④ 三三一比例法。

摆法：将房间长度均分为三等分（三），宽度也均分为三等分（三），音箱摆在长度与宽度的第一等分交点上（一）。音箱可以有略微的向内投射角度，甚至不需要向内投射亦可，聆听位置不可贴靠后墙。

效果：此法亦用于尺寸较大、比例均匀的空间。它与"三一七比例法"的精神是一致的，唯一与"三一七比例法"不同的是二音箱之间的间隔较窄。此法亦可得到平衡的声音与宽深的音场。

⑤ 长后墙摆法。

摆法：在一个长方形的房间里，一般玩音响的经验，都会以短边为音箱的后墙。但这个"长后墙摆法"却反其道而行，把长边为音箱后墙。音箱要离开后墙起码 1 m 以上，而音箱与侧墙的距离起码要半米以上。两个音箱之间的距离与聆听者的位置画成一个正三角形，两个音箱的向内拗投射角度也要起码 45° 以上。聆听位置不可贴墙，至少要留 1 m 的距离。

效果：如果你觉得音响系统中、低频的量感不够，那么可以试一下"音箱长边后墙摆法"。但要注意的是这种摆法对声音有得有失，虽然中、低频的量感增强了，但声音的音场以及深度都会变差一点，所以要在这两者之间得到一个平衡的话，就需要慢慢调整距离了。

⑥ 贴墙摆法。

摆法：这是最古老的摆法。将音箱贴近后墙摆，不论是距离后墙 50 cm 或 30 cm、20 cm 都没关系，自己去调配即可。通常音箱不需要向内投射角度。

效果：高频尖锐、中频、低频薄弱时使用，可以让中频与低频饱满起来，整个高、中、低频可以得到平衡。不过，它也会让音场的深度变浅、宽度变窄。但是，若与刺耳难听的声音两相权衡，牺牲音场的表现而求取好听的声音是正确的做法。

　⑦ 菱形摆法。

摆法：此法只限正方形空间使用。将正方形空间视为菱形，音箱摆在菱形两边靠墙处。音箱后面的菱形尖角与聆听位置后面的菱形尖角要做圆弧或圆柱声波扩散处理，二音箱不宜靠侧墙太近。

效果：此法专门处理正方形空间低音轰隆驻波太强的问题。如果正方形空间不想这么摆，那就要塞入很多家具以"平息"驻波。

以上列出了七种最常用的音箱摆法，在一般空间中应该可以找到其中最适合的摆法。摆放音箱的原则就是在任何一个居室空间里都会有一个位置、一种摆法令音箱与房间发出最和谐的共鸣效果，找到共鸣效果最佳的那个点，就是我们所追求的喇叭最佳摆位。

（二）调音台的类型及功能

调音台又称调音控制台，它将多路输入信号进行放大、混合、分配、音质修饰和音响效果加工，是现代电台广播、舞台扩音、音响节目制作等系统中进行播送和录制节目的重要设备，如图 1-3-7 所示。

图 1-3-7　8 路调音台

1. 调音台的组成

调音台由三大部分组成：输入部分、母线部分、输出部分。母线部分把输入部分和输出部分联系起来，构成了整个调音台。

2. 调音台的类型

调音台按信号输出方式不同，可分为模拟式调音台和数字式调音台；按使用目的和使用场合不同，可分为立体声现场制作调音台、录音调音台、音乐调音台、数字选通调音台、带功放的调音台、无线广播调音台、剧场调音台、扩声调音台、有线广播调音台和便携式调音台。

3. 调音台的功能

常用的调音台能同时接受 8~24 路不同的信号，并分别对这些信号在音色和幅度上进行调整加工处理。一般来说，调音台主要有以下四个功能：

（1）信号放大。

当各种不同节目源的信号进入调音台后，其不同的信号所需的放大量也不尽相同，所以调音台必须能分别处理不同的信号。如各种乐器的音乐信号与人声信号在幅度上就不相同，当然就需要分别进行处理。

（2）信号频率调整。

信号频率调整，即调音。不同的信号，由于其频谱分布、谐波成分等方面的原因，形成不同的音色，而建筑物对声音的影响使音色产生很大的变化。音响师要根据不同的扩音环境，对进入调音台的不同声音信号分别进行加工，使其声音尽可能接近原声。调音台的每个声道都具有相同的处理手段，如：3 段均衡、增益控制器、高通滤波器等。

（3）信号合并。

调音台将各路信号调整后，要将各种信号合并成标准的左右声道（立体声）形式输出，作为下一级设备的输入信号使用，这是最基本的功能。

（4）信号分配。

调音台除了立体声的主输出外，还能提供两路以上的辅助输出信号，这类信号有两种用途，一是音响室监听或舞台返听；二是做效果器的激励信号用。

4. 调音台的使用

某品牌 8 路调音台面板如图 1-3-8 所示。在使用前要认真阅读调音台使用说明书，以了解常见插孔、按键的基本功能。

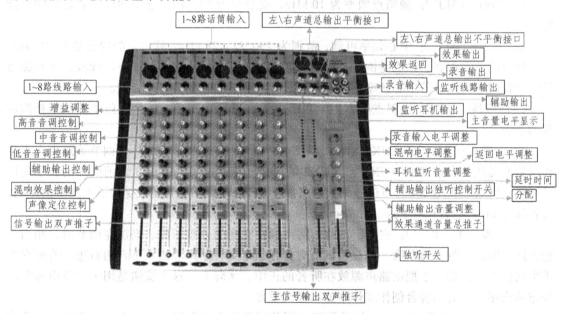

图 1-3-8　某品牌 8 路调音台面板介绍

（1）常用插座介绍。

① 卡侬插座 MIC：此即话筒插座，其上有三个插孔，分别标有 1，2，3。标号 1 为接地（GND），与机器机壳相连，把机壳作为 0 V 电平。标号 2 为热端（Hot）或称高端（Hi），它是传送信号的其中一端。标号 3 为冷端（Cold）或称低端（Low），它作为传输信号的另一端。由于 2 和 3 相对 1 的阻抗相同，并且从输入端看去，阻抗低，所以称为低阻抗平衡输入插孔。它的抗干扰性强、噪声低，一般用于有线话筒的连接。

② 线路输入端（Line）：它是一种 1/4″大三芯插座，采用 1/4″大三芯插头（TRS），尖端（Tip）、环（Ring）、套筒（Sleeve），作为平衡信号的输入。也可以采用 1/4″大二芯插头（TS）作为非平衡信号的输入。其输入阻抗高，一般用于除话筒外的其他声源的输入插孔。

③ 插入插座（INS）：它是一种特殊使用的插座，平时其内部处于接通状态，当需要使用时，插入 1/4″大三芯插头，将线路输入或话筒输入的声信号从尖端（Tip）引出去，经外部设备处理后，再由环（Ring）把声信号返回调音台，所以，这种插座又称为又出又进插座，有的调音台标成"Send/Return"或"in/out"插座。

④ 定值衰减（PAD）：按下此键，输入的声信号（通常是对 Line 端输入的声信号）将衰减 20 dB（即 10 倍），有的调音台，其衰减值为 30 dB。它适用于大的声信号输入。

⑤ 增益调节（Gain）：用来调节输入声信号的放大量，它与 PAD 结合可使输入的声信号进入调音台时处于信噪比高、失真小的最佳状态，也就是可调节该路峰值指示灯处于欲亮不亮的最佳状态。

⑥ 低切按键（100 Hz）：按下此键，可将输入声信号的频率成分中 100 Hz 以下的成分切除。此按键用于扩声环境欠佳、常有低频嗡嗡声的场合和低频声不易吸收的扩声环境。

⑦ 均衡调节（EQ）：它分为三个频段：高频段（H.F.）、中频段（M.F.）、低频段（L.F.），主要用于音质补偿。

a. 高频段（H.F.）：倾斜点频率为 10 kHz，提衰量为 215 dB，这个频段主要是补偿声音的清晰度。

b. 中频段（M.F.）：中心频率可调，范围为 250 Hz ~ 28 kHz；峰谷点的提衰量为 215 dB；这个频段的范围很宽，补偿是围绕某个中心频率进行。若中心频率落在中高频段，提衰旋钮补偿声音的明亮度。若中心频率落在中低频段，提衰旋钮补偿声音的力度。

c. 低频段（L.F.）：倾斜点频率为 150 Hz，提衰量为 215 dB，这个频段主要用于补偿声音的丰满度。

⑧ 辅助旋钮（AUX1/AUX2/AUX3/AUX4）：调节这些辅助旋钮，等于调节该路声音送往相应辅助母线的大小其中 AUX1 和 AUX2 的声信号是从推子（Fader）之前引出的，不受推子影响。AUX3 和 AUX4 的声信号是从该路推子（Fader）之后引出的，受推子大调节的影响。前者标有 Pre，后者标有 Post。

⑨ 声像调节（PAN）：它用于调节该路声源在空间的分布图像。当往左调节时，相当于把该路声源放在听音的左边。当往右调节时，相当于把该路声源放在听音的右边。若把它置于中间位置时，相当于把该路声源放在听音的正中。实际上，这个旋钮是用来调节声源左右分布的旋钮，它对调音台创作立体声输出极为重要。

⑩ 衰减器（推子 Fader）：该功能键的调节起两方面的作用：一方面，用来调节该路声音在混合混合中的比例，往上推比例大，往下拉比例小；另一方面，用来调节该路声源的远近分布，往上推声音大，相当于将该路声源放在较近的位置发声，往下拉，声音小，相当于将该路声源放在较远的位置发声。它与 PAN 结合可创作出各个声源的空间面分布。调音台创作立体声输出，用的是 Fader 和 PAN 功能键。

（2）功能键介绍。

① 监听按键 PFL（Pre-FadeListen 的缩写）：衰减前的监听，按下它，用耳机插在调音台的耳机插孔便能听见该路推子前的声音信号。

② 接通按键 On：按下它，该路声音信号接入调音台进行混合。

③ L-R 按键：按下它，该路声音信号经推子、PAN 之后送往左右声道母线。

④ 1-2 按键：按下它，该路声音信号经推子和 PAN 之后送往编组母线 1 和 2。

⑤ 3-4 按键：按下它，该路声音信号经推子和 PAN 之后送往编组母线 3 和 4。

调音台种类很多，但主要的功能键都是相同的。值得一提的是调音台每一路输入只能进一个声源，否则会相互干扰，阻抗不配，声音造成失真。

（3）输出部分。

调音台输出部分的安排有以下规律：

① 调音台有几根母线，肯定有相对应的输出插座。

② 每个输出插座输出的声信号肯定在调音台上装有其相对应的调节键，可能是推拉键，也可能是旋钮。

③ 每种输出调节功能键旁边都装有监听按键，一般推子前监听 PFL（SOLO）在输入端，推子后监听 AFL 在输出端。

④ 从辅助返回（AUX RET）或效果返回（EffectRTN）的插孔进入调音台的信号，肯定安装有调节其大小的按钮和相应的声像调节钮 PAN。

⑤ 凡左右输出或编辑输出的插座前，一般都有相应的 INS（又出又进插孔），其目的是可以单独对输出信号在输出前进行特殊加工处理，但辅助输出不装 INS 插孔。

⑥ 如果输出部分装有耳机和对讲话筒 T.B.Mic 插孔，一般其旁路都有其音量大小调节钮。

三、功放机的类型、性能指标及使用

（一）功放机的功能

功放机俗称"扩音机"，它的作用就是把来自音源或前级放大器的弱信号放大，推动音箱放声。其外形如图 1-3-9 所示。

图 1-3-9　某品牌功放机

（二）功放机的分类

1. 按导电方式分

按功放中功放管的导电方式不同，可以分为甲类功放（又称 A 类）、乙类功放（又称 B 类）、甲乙类功放（又称 AB 类）和丁类功放（又称 D 类）。

2. 按元件数量分

按功放输出级放大元件的数量，可以分为单端放大器和推挽放大器。

3. 按功放管类型分

按功放中功放管的类型不同，可以分为胆机和石机。胆机是使用电子管的功放；石机是使用晶体管的功放。

4. 按功能分

按功能不同，可分为前置放大器（又称前级）、功率放大器（又称后级）与合并式放大器。

5. 按用途分

按用途不同，可以分为AV功放、Hi-Fi功放。

AV功放是专门为家庭影院用途而设计的放大器，一般都具备 4 个以上的声道数以及环绕声解码功能，且带有一个显示屏。该类功放以真实营造影片环境声效让观众体验影院效果为主要目的。

Hi-Fi功放是为高保真地重现音乐的本来面目而设计的放大器，一般为两声道设计，且没有显示屏。

（三）功放的性能指标

功放的主要性能指标有输出功率、频率响应、失真度、信噪比、输出阻抗、阻尼系数等。

（1）输出功率：单位为 W，由于各厂家的测量方法不一样，所以出现了一些名目不同的叫法。例如额定输出功率、最大输出功率、音乐输出功率、峰值音乐输出功率。

（2）音乐功率：指输出失真度不超过规定值的条件下，功放对音乐信号的瞬间最大输出功率。

（3）峰值功率：指在不失真条件下，将功放音量调至最大时，功放所能输出的最大音乐功率。

（4）额定输出功率：当谐波失真度为 10% 时的平均输出功率，也称最大有用功率。通常来说，峰值功率大于音乐功率，音乐功率大于额定功率，一般峰值功率是额定功率的 5~8 倍。

（5）频率响应：表示功放的频率范围和频率范围内的不均匀度。频响曲线的平直与否一般用分贝[dB]表示。家用 Hi-Fi 功放的频响一般为 20 Hz~20 kHz，这个范围越宽越好。一些极品功放的频响已经做到 0~100 kHz。

（6）失真度：理想的功放应该是把输入的信号放大后，毫无改变地忠实还原出来。但由于各种原因，经功放放大后的信号与输入信号相比较，往往产生了不同程度的畸变，这个畸变就是失真，用百分比表示，其数值越小越好。Hi-Fi 功放的总失真在 0.03%~0.05%。功放的失真有谐波失真、互调失真、交叉失真、削波失真、瞬态失真、瞬态互调失真等。

（7）信噪比：指信号电平与功放输出的各种噪声电平之比，用 dB 表示，这个数值越大越好。一般家用 Hi-Fi 功放的信噪比在 60 dB 以上。

（8）输出阻抗：对扬声器所呈现的等效内阻。

一台功放的性能指标完好不一定证明有好的音色，这是初烧友必须认识到的。这也是众多发烧友苦苦探索追求的。

（四）功放机的使用

功放机在使用前，应认真阅读其使用说明书，并将音频线缆、电源线缆的输入、输出插头正确连接到功放机的相应插孔中。图 1-3-10 是某品牌功放机后面板各插孔功能介绍。

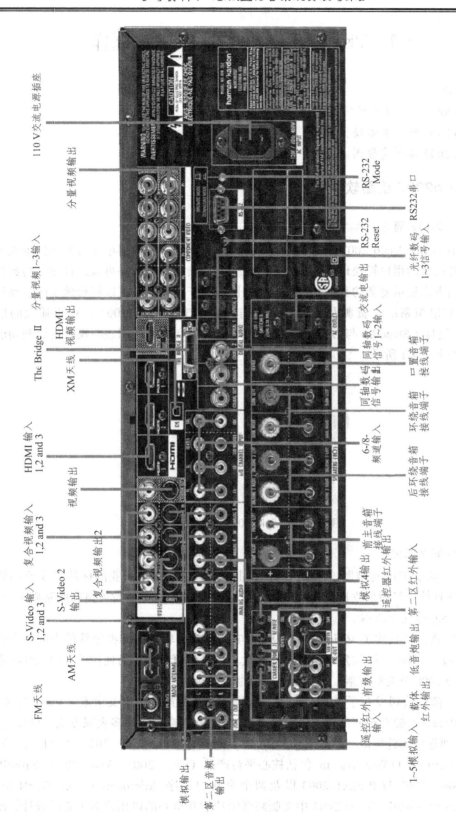

图 1-3-10　某品牌功放机后面板插孔功能介绍

1.4 Visio 2007 绘图软件基本操作

【知识要点】

➢ Visio2007 绘图软件概述；

➢ Visio 2007 软件基本操作；

➢ Visio 2007 绘制流程图。

一、Visio2007 绘图软件概述

1. Visio 2007 简介

Microsoft Office Visio 2007 是一款专业的办公绘图软件，具有简单性与便捷性等强大的关键特性；可以帮助用户轻松地可视化、分析与交流复杂的信息，并可以通过创建与数据相关的 Visio 图表来显示复杂的数据与文本，这些图表易于刷新，并可以轻松地了解、操作和共享企业内的组织系统、资源及流程等相关信息。Office Visio 2007 是利用强大的模板（Template）、模具（Stencil）与形状（Shape）等元素，来实现各种图表与模具的绘制功能。启动界面，如图 1-4-1 所示。

图 1-4-1   Visio 2007 启动界面

2. Visio 的发展史

Visio 公司位于美国西雅图。1992 年该公司发布了用于制作商业图标的专业绘图软件 Visio 1.0，该软件一经面世立即取得了巨大的成功。Visio 公司的研发人员在此基础上 开发了 Visio 2.0～5.0 等几个版本。

1999 年微软公司收购了 Visio 公司，从此 Visio 成为微软 Office 办公软件中的一个新组件。差不多在同一时间，微软发布了被宣称为世界上最快捷、最容易使用的 Visio 2000 流程图软件，Visio 2000 分为标准版、技术版、专业版与企业版。

2001 年，微软公司发布了 Visio 2002，这是 Visio 的第一个中文版本。Visio 2002 和 Microsoft Office XP 拥有相同的外观，并且具有 Office 中常见的许多表现方式，可以与 其他 Office 系列进行无缝集成。Microsoft Office System 简体中文版于 2003 年 11 月 13 日正式发布。Microsoft Office System 包括核心平台产品 Office 2003、Visio 2003、FrontPage 2003、Publisher 2003 与 Project 2003 以及两个全新的程序 Microsoft Office OneNote 和 Microsoft Office InfoPath。Visio 2003 中文版超强的功能和全心的以用户为中心的设计，使用户更易于发现和使用其现有功能。

随后，在 Visio 2003 的基础上，微软发布了 Visio 2007 软件。据统计，作为专业的办公绘图工具，Visio 在同类产品中的排名已经跃居世界第一。

3. 新增功能

Visio 2007 不仅在易用性、实用性与协同工作等方面，实现了实质性的提升，而且新增了快速入门、创建专业图表、自动连接形状、集成数据等功能，使得创建 Visio 图表更为简单、快捷，令人印象更加深刻。

4. 应用领域

Visio 2007 已成为目前市场中最优秀的绘图软件之一，其强大的功能与简单操作特性受广大用户所青睐，已被广泛应用于软件设计、项目管理、企业管理等众多领域中。

二、Visio 2007 基本操作

（一）启动与退出

1. 启动 Visio 2007

方法一：单击【开始】→【所有程序】→【Microsoft Office】→【Microsoft Office Visio 2007】命令，运行 Visio 2007，进入 Visio 2007 环境。

方法二：双击电脑中已经存在的一个 Visio 2007 文件，系统会首先启动 Visio 程序，并打开该文件。

2. 退出 Visio 2007

方法一：若要退出 Visio 2007 的运行环境，单击【文件】菜单中的【退出】命令。

方法二：单击右上角的【关闭】按钮，或直接按键盘上的"Alt+F4"键。

（二）Visio 2007 界面介绍

安装完 Visio 2007 之后，首先需要认识一下 Visio 2007 的工作界面。Visio 2007 与 Word 2007、Excel 2007 等常用 Office 组件的窗口界面有着较大区别，但与 Project 2007 的工作界面大体相同，主要包括菜单栏、工具栏、形状窗格、绘图窗格、状态窗格等，如图 1-4-2 所示。

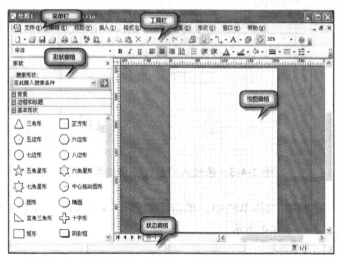

图 1-4-2　Visio 2007　工作界面

1. 菜单栏与工具栏

菜单与工具栏位于 Visio 2007 窗口的最上方，主要用来显示各级操作命令。Visio 2007 中的菜单与 Word 2003 中的菜单显示状态一致。

2. 任务窗格

用户可通过执行【视图】→【任务窗格】命令，来显示或隐藏各种任务窗格。该窗格位于屏幕的右侧，主要用于专业化设置。例如，【数据图形】窗格、【主题-颜色】窗格、【主题-效果】窗格与【剪贴画】窗格等。

3. 绘图窗格

绘图窗格位于窗口的中间，主要显示了处于活动状态的绘图元素，用户可通过执行【视图】菜单中的某窗口命令，即可切换到其他窗口中。绘图区主要可以显示绘图窗口、形状窗口、绘图自由管理器窗口、大小和位置窗口、形状数据窗口等窗口。

（三）绘图文档基本操作

1. 新建绘图文档

在 Visio 2007 中，用户不仅可以通过系统自带的模板或现有的绘图文档来新建绘图文档，而且可以从头开始新建一个空白绘图文档。

方法一：在 Visio 2007 的菜单栏中，单击【文件】→【新建】→【入门教程】命令，如图 1-4-3 所示。入门教程屏幕能够提供对模板及最近打开的类似文档进行快速访问。

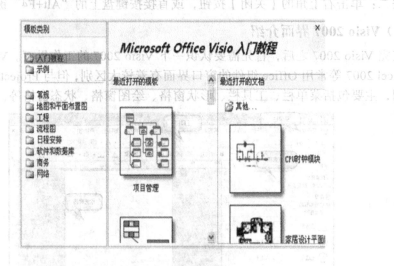

图 1-4-3　通过入门教程新建绘图文档

方法二：在 Visio 2007 的菜单栏中，单击【文件】→【新建】→【工程】等命令，新建一个空白绘图文档，如图 1-4-4 所示。

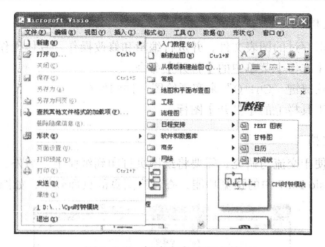

图 1-4-4 新建空白绘图文档

2. 保存绘图文档

当用户创建 Visio 文档之后，为了防止因误操作或突发事件引起的数据丢失，可对文档进行保存操作。

（1）保存 Visio 文件。

方法一：单击【文件】菜单中的【保存】命令。

方法二：使用快捷键"Ctrl+S"来实现绘图文件的保存。

方法三：单击工具栏上的【保存】图表。

（2）转换格式保存。

步骤一：单击【文件】菜单中的【另存为】命令，打开【另存为】对话框，如图 1-4-5 所示。

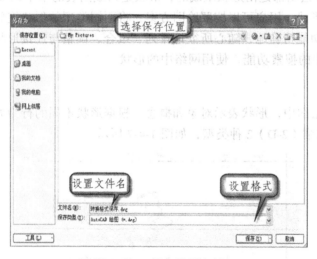

图 1-4-5 保存绘图文档

步骤二：选择文件需要保存的位置，在文本框中输入绘图文件的名称。

步骤三：在【保存类型】下拉框中选择 AutoCAD 绘图格式，单击保存按钮完成保存。

此外，为了保护文档中的重要数据，用户还可以设置密码保护及定期保存等文档保护设置。

3. 打开绘图文档

用户可以打开保存过的图表文件，并进行编辑和修改操作。具体操作方法为：

方法一：单击【文件】菜单中的【打开】命令。

方法二：使用快捷键 "Ctrl+O" 来实现绘图文件的保存。

方法三：单击工具栏上的【打开】图标。

4. 打印绘图文档

在工作中为了便于交流与研究，需要将绘图页打印到纸张上。另外，在打印演绘图页之前，还需要运用 Visio 2007 中的预览功能，查看绘图页的页面效果，如图 1-4-6 所示。

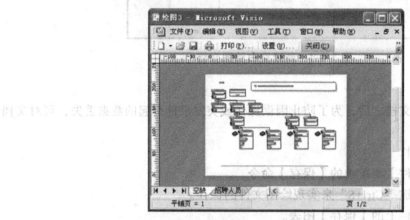

图 1-4-6　打印预览绘图页面

（四）形状的分类及编辑

任何一个 Visio 绘图都是由形状组成的，形状是构成图表的基本元素。在 Visio 2007 中存储了数百个内置形状，用户可以按照绘图方案，将不同类型的形状拖到绘图页中，并利用形状手柄、行为等功能精确地、随心所欲地排列、组合、调整与连接形状。另外，用户还可以利用 Visio 2007 中的搜索功能，使用网络中的形状。

1. 形状分类

在 Visio 2007 绘图中，形状表示对象和概念。根据形状不同的行为方式，可以将形状分为一维（1-D）与二维（2-D）2 种类型，如图 1-4-7 所示。

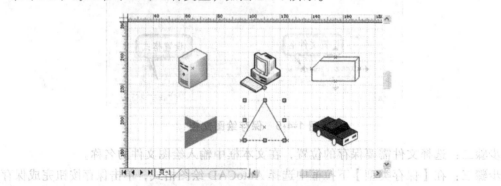

图 1-4-7　形状的类型

2. 形状手柄

形状手柄是形状周围的控制点，只有在选择形状时才会显示形状手柄。用户可以使用【常用】工具栏上的【指针工具】按钮来选择形状。在 Visio 2007 中，形状手柄可分为选择手柄、控制手柄、锁定手柄、选择手柄、控制点、连接点、顶点等类型，如图 1-4-8 所示。

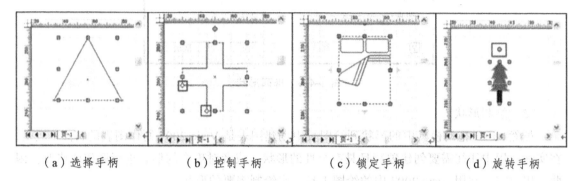

　（a）选择手柄　　　　　（b）控制手柄　　　　　（c）锁定手柄　　　　　（d）旋转手柄

图 1-4-8　形状的常见手柄

3. 形状编辑

在 Visio 2007 中制作图表时，操作最多的元素便是形状。用户需要根据图表的整体布局选择单个或多个形状，还需要按照图表的设计要求旋转、对齐与组合形状。另外，为了使用绘图页具有美观的外表，还需要精确的移动形状。

（1）选择形状。

在对形状进行操作之前，需要选择相应形状。用户可以通过下面几种方法进行选择。

◇ 选择单个形状；

◇ 选择多个连续的形状；

◇ 选择多个不连续的形状；

◇ 选择所有形状；

◇ 按类型选择形状。

其操作方法与 Word 文档编辑中选择对象的方法大致相同。

（2）移动形状。

简单的移动形状，是利用鼠标拖动形状到新位置中。但是在绘图过程中，为了美观、整洁，需要利用一些工具来精确地移动一个或多个形状。

（3）旋转与翻转形状。

旋转形状即是将形状围绕一个点进行转动，而翻转形状是改变形状的垂直或水平方向，也就是生成形状的镜像。在绘图页中，用户可以使用以下方法旋转或翻转形状。

（4）排列形状。

Visio 2007 为用户提供了多种类型的布局，在使用布局制作图表时，需要根据图表内容调整布局中形状的排列方式，如图 1-4-9 所示。

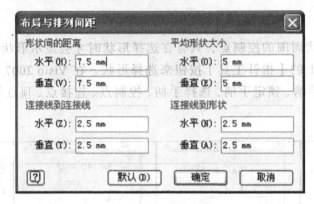

图 1-4-9 排列形状

（5）绘制形状。

虽然，通过拖动模具中的形状到绘图页中创建图表是 Visio 2007 制作图表的特点。但是，在实际应用中往往需要创建独特且具有个性的形状，或者对现有的形状进行调整或修改。因此，用户需要利用 Visio 2007 中的绘图工具，来绘制需要的形状。

操作方法：用户可以单击【常用】工具栏中的【绘制工具】按钮，调整出【绘图】工具栏。同时，利用【绘图】工具栏中的"直线工具"、"弧形工具"与"自由绘图工具"来绘制简单的形状，如图 1-4-10 所示。

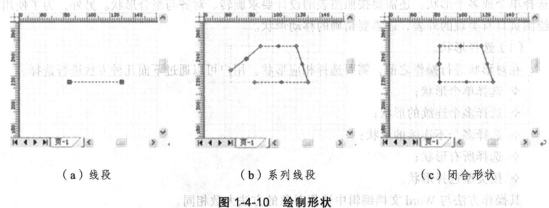

（a）线段 　　　　　　（b）系列线段 　　　　　　（c）闭合形状

图 1-4-10 绘制形状

（6）连接形状。

在绘制图表的过程中，需要将多个相互关联的形状结合在一起，方便用户进一步的操作。Visio 2007 新增加了自动连接功能，利用该功能可以将形状与其他绘图相连接，并将相互连接的形状进行排列。其自动连接主要包括下列几种方法：

  ❖ 拖动连接；

  ❖ 连接相邻的形状；

  ❖ 连接模具中的形状；

（7）组合与叠放形状。

对于具有大量形状的图表来讲，操作部分形状比较费劲，此时用户可以利用 Visio 2007

中的组合功能，来组合同位置或类型的形状。另外，对于叠放的形状，需要调整其叠放顺序，以达到最佳的显示效果。

（五）添加文本

Visio 2007 中的文本信息主要是以形状中的文本，或注解文本块的形式出现。通过为形状添加文本，不仅可以清楚地说明形状的含义，而且可以准确、完整地传递绘图信息。Visio 2007 为用户提供了强大且易于操作的添加与编辑文字的工具，从而帮助用户轻松地绘制出图文并茂的作品。

创建文本方法：在 Visio 2007 中，不仅可以直接为形状创建文本，或通过文本工具来创建纯文本；而且可以通过"插入"功能来创建文本字段与注释。为形状创建文本后，可以增加图表的描述性与说明性。

三、绘制基本流程图

在日常工作中，用户往往需要以序列或流的方法显示服务、业务程序等工作流程。用户可以利用 Visio 2007 中简单的箭头、几何形状等形状绘制基本流程图，同时还可以利用超链接或其他 Visio 基础操作，来设置与创建多页面流程图。

1. 创建基本流程图

在 Visio 2007 中，可以利用【文件】→【创建】→【基本流程图形状】模板创建基本流程图。另外，还可以利用【重新布局】命令，编辑流程图的布局，如图 1-4-11 所示。

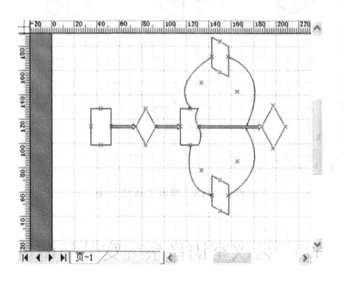

图 1-4-11　创建基本流程图

2. 设置基本流程图效果

为了使日历具有其强大的记录功能，也为了美化日历，需要对日历的颜色、标题、附属标志等进行编辑，如图 1-4-12 所示。

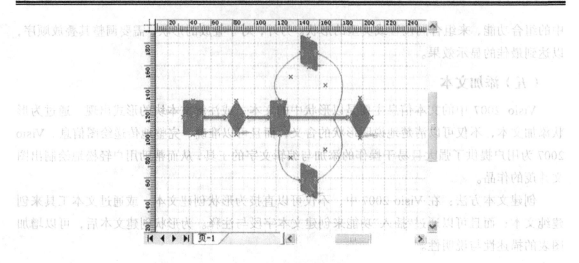

图 1-4-12　设置流程图效果

3. 构建工作流程图

执行【文件】→【新建】→【流程图】→【工作流程图】命令，打开【工作流程图】模板。拖动模板中的形状到绘图页中，调整其大小与位置。然后，将【箭头】模具中的"箭头"形状拖到绘图页中的 2 个形状中间，用于连接形状，如图 1-4-13 所示。

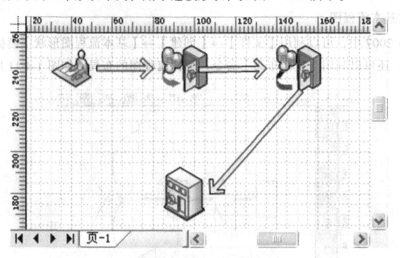

图 1-4-13　绘制工作流程图

1.5　会议室语音系统安装与调试

【知识要点】

➤ 传声器的安装；

➤ 音箱系统的安装；

➤ 音响系统的调试。

一、传声器安装与调试

在扩声系统中用传声器拾音，除了要按传声器的各种技术特性进行选型外，还应充分考虑到按不同场合的使用特点去布置传声器。例如，会场扩声用传声器就应该布置在舞台内的讲台上，一般可根据主席台就座情况布置一只或数只。同样，在体育比赛时，在主席台、讲解台和裁判席上均应布置相应的传声器。在音乐厅和剧院中，为了不妨碍观众的视线，通常力求使用小型传声器，布置在舞台口部或灯架处，保证可靠的屏蔽。在音乐厅中的传声器，放置在舞台上，振动干扰大，应有隔振装置。演出扩声用传声器的布置还应均匀地照顾舞台上演员的活动区，也可以使用无线传声器。对于乐队的拾音，传声器的布置直接影响乐队演奏的艺术效果，其布置应保证对整个乐器组和演奏者的综合拾音，并使它们之间的响度有正确的比例。

（一）布局要点

（1）传声器的布置应远离音箱，以减少声反馈。

这是因为音箱的辐射声压随距离的平方成反比例衰减，传声器离音箱愈远，接受音箱声波的机会愈小，对抑制声反馈愈有利。假设音箱辐射的声压为 p，音箱与传声器间距离为 r，那么随着 r 的增大，p 将愈来愈小，也就是传声器所能接受到的音箱重发信号愈来愈弱。

语言拾音（例如开会演讲等）一般采用近距拾音。因为语言拾音以清晰度和可懂度为主，通常声源与传声器的距离应保持在 20~40 cm 为佳，这样听起来亲切、扎实。距离太远，会使信号变弱，容易接受到室内噪声和混响声，人为地降低系统的信噪比，会影响语言清晰度。不同混响时间条件的房间内，声源与传声器间距离变化与语言清晰度有一定关系。随着声源与传声器间距离的增大，清晰度会急剧下降。距离太近，会使传声器的输出信号过强，而产生过荷失真。同时，声源过分靠近传声器，使之处于近场区，产生近讲效应，明显加重低音成分、听起来发闷，影响语言可懂度。

近讲效应多存在于压差式和压强与压差式复合的指向特性的传声器中，有时演出需作近距使用时，可以采用无指向性传声器，或者采用有指向性而又有低音衰减开关的传声器，使低音适当衰减，从而克服近讲效应。

大型演出的传声器布局，要取决于演出形式，特别要注意乐队与合唱团的声平衡。当用心形传声器时，合唱团的女高音、女低音、男高音、男中音四个声部，每个声部需要一只传声器，传声器的装置高度取决于该声部演唱者平均嘴部的高度，拾音距离取决于传声器的拾音水平角。乐队伴奏用传声器也应该使用心形指向性传声器，拾音距离应尽量靠近声源。另外，对于大型演出用的混响传声器一般吊在舞台前方，离乐队指挥 7~10 m，高 6~7 m 位置上。

（2）采用强指向性传声器。

对于扩声系统，使用较强指向性的传声器利多弊少。采用强指向性传声器可明显减少音箱的直达声或厅堂混响声对传声器的影响，提高系统稳定度，通常前者比后者使系统的稳定度提高 5~10 dB；采用强指向性传声器，使得音箱的声辐射方向不包含传声器的灵敏度方向。将传声器置于音箱的后下方，仍可较好地抑制声反馈。

（3）采用强指向性音箱，使音箱的指向性辐射范围背离传声器位置，其辐射声波不会影响传声器的正常工作。

（4）传声器和反射墙面应有一定距离，此距离至少应在3 m以上，避免反射声太强，引入声源反馈，影响语言清晰度或出现啸叫。通常会议时，传声器的后墙应有幕帘遮挡，有条件的场所讲台附近作些吸声处理，可加强扩声效果。

（二）多路传声器的使用要点

当使用多路传声器时，传声器的相位问题表现在两个方面。一方面，必须保证所有传声器在相位上同相；另一方面，多路传声器拾音时，要防止传声器之间的位置与距离同声源处理不当，产生相位干涉现象，而影响拾音效果。当使用多只传声器拾音时，为了减少传声器所拾取信号的干涉现象，还应遵循下述三个原则：

（1）使用多只传声器拾音时，传声器之间的距离（L），应至少等于声源到传声器的距离（D）的3倍（$L \geq 3D$）。这时每个声源直接到达最近传声器的信号强度将明显大于其到达邻近传声器的信号强度，声源相互干扰小，相位干涉现象不明显。

（2）当使用心形指向性传声器时，可将传声器位置调整，使其主轴灵敏度区偏离声源的主轴方向，以减少声反馈。

（3）当使用一对传声器拾取单声源信号时，应尽量将两只传声器靠拢，使之距离远远小于声源至传声器的距离。当两只传声器间距离大于声源与传声器间距离时，应保证两只传声器与声源间的距离完全相等。

（4）当拾取多声源（例如合唱或乐队演奏）时，应避免在拾取某一声源信号时，过多拾取其他声源信号，使整个演出的声平衡难以处理。传声器与音箱的相对位置应有一定的角度，使音箱辐射声音最弱的方向对准传声器灵敏度最弱的方向。

（5）多只传声器不宜并联使用。

传声器并联使用时互为负载，其输出阻抗变化很大，降低了灵敏度，增大了失真度，破坏了传声器的频率响应，严重影响音质。多只传声器应有多路输入调音台（或其他前置增音机）配合使用。多只传声器的投入使用，使得声反馈的机会增大。在分别工作时，不使用的传声器应切断或关小，以保证工作传声器的最佳稳定度。

（三）传声器拾音布局实例

1. 单只传声器的拾音

单只传声器的拾音，对于语音拾音，应采用近距离拾音，可保证语音声能清晰实在。此外，对于语言拾音，还应根据传声器的指向性，选择合适的直达声与混响声的比例来确定拾音距离。

如果是小乐队伴奏（或一件乐器伴奏）的独唱或独奏小型节目，可使用单只传声器拾音。此时可将独唱（奏）演员与伴奏乐队分置在拾音传声器的两边，并使传声器距独唱（奏）演员稍近一些，离伴奏乐队稍远一些，这种拾音方式可使独唱（奏）演员声音突出，具有亲切感，同时独唱（奏）与伴奏远近层次分明，音响整体效果较好。

2. 多只传声器拾音方式

（1）主传声器方式。

这是一种在单只传声器拾音方式基础上发展起来的多只传声器拾音方式。它是用一只传声器作主传声器对整个演出现场进行全面拾音，另外再在一些声部前面布置相应传声器进行近距特写拾音。调音时将主传声器的分电平调节器开足，使其所拾取的整体声能基本达到额定输出，在此基础上再适当加入特写传声器信号，以使需要突出声部的声音或声音较弱的部分增加音量，求得各声部音量的平衡。

对大型交响乐团演出拾音时，主传声器应采用心形传声器，设置在指挥台稍后较高处，其数量为一只或数只，架高 1~3.5 m，以拾取节目的整体声。这个位置与乐队指挥所听到的演出气氛应当是一致的。乐队前方可布置几只电容式传声器，重点拾取各组弦乐声音。这些传声器也作为主传声器对所有乐器进行整体拾音。独唱演员前设置近讲离心形传声器，以增加亲切感；木管乐器和竖琴声音特别微弱，但经常有独奏乐句，在整个乐队中起重要作用，可以分别专设心形电容传声器作近距离特写拾音。合唱队离主传声器较远，通常也设置数只传声器拾取合唱声音增加真实感。乐队前区所设置的无方向性电容传声器是为专门拾取混响声的传声器，在广播录音系统中，当不用人工延时、混响时、可将这只传声器所拾取的混响声，按适当的比例混入整个音乐之中。通常混响传声器的拾音距离应大于或等于等效混响半径，其安装高度在 5~7 m 为宜。

（2）多声道拾音方式。

多声道拾音多用于录音系统之中。这种方式是将全部音乐声源分成若干个声部（大多为一件乐器一个声部），每一个声部前都放置一个近距离拾音传声器做"特写拾音"。调音时，按照节目所需的音量平衡调整各个传声器的分电平调节器，而各声部声像的层次感，要由人工延时混响技术来完成。

（四）传声器盒的布置和安装

舞台上传声器所拾取的声频信号需馈送到调音台去进行信号的处理与放大，调音台及其他声频设备所处的控制室一般距舞台较远，为了保证信号的正常馈送，除了须考虑前级与中间级的屏蔽连接外，还须在舞台上设置与传声器连接的传声器盒。传声器至调音台的连接馈线可以隐蔽而固定安装，这样，传声器可以置于舞台上任何位置而不受馈线长度影响。

1. 传声器盒的布置

传声器盒可根据其在舞台的布置形式采用集中放置或分散放置两种形式。

传声器盒的安放位置应以接近传声器的使用位置并且不影响舞台演出活动为原则，通常可集中置于舞台两侧或分散置于舞台上传声器常用位置。

舞台两侧的传声器盒中应设有 10~16 个插座，有时也可以集中于舞台一侧放置。

乐队常处位置处的传声器盒可设置 8~12 个插座。舞台后区使用的效果传声器的插座可直接与舞台吊杆连在一起。有些厅堂的舞台前设有乐池，此时在乐池内也应埋设传声盒，并在盒内设置 8~12 路插座。

体育场、馆除了要在主席台与裁判台的方便位置设置具有一定数量插座的传声盒外，还应在比赛场地周围设置 4~6 组传声器盒，每组盒内可装 4~6 个插座，以适应体育馆内多种功能的需要。

2. 安放方式

传声器盒可嵌入舞台台框内侧墙内，距地板 30~50 cm，传声器盒下部应有薄壁穿线钢管与之连通，穿线钢管经舞台地板下部一直引伸至调音控制室，管内穿屏蔽信号线。

传声器盒分散布置时，可将传声器盒置于舞台（或主席台）地板下面，为了防止灰尘落入，并保证地板表面平整，可在放置传声器盒部位地板表面嵌入金属盖板。金属盖板宜用厚 1 cm 的铜板或不锈钢板制成。有时为了防止灰尘对盒内插座的影响，可将传声器盒垂直固定在地板下部。

3. 屏蔽连接

传声器盒内的插座须用屏蔽线可靠连接，并且穿管敷设，直接引入音响控制室。

二、音箱系统的安装

音响工程应该保证场内各处具有基本一致的声压级。为保证此项指标要求，应对场内各点声压级进行测量，了解声场分布情况。若声压级相差较大，可适当调整音箱的摆放位置，若还不能解决问题，则要考虑增设音箱或改善建声环境。声场调整好后，便可着手安装音箱系统了。

（一）常规音箱的安装

常规音箱系统的安装有明装、暗装和吊装三种方式。明装指音箱系统直接装在观众厅内可视之处；暗装指音箱系统装在平顶内或台框、墙壁内；吊装指采用吊钩、挂钩或吊篮将音箱系统吊挂在顶棚上、墙壁上，吊装时可以有暗吊和明吊两种形式。

1. 明 装

明装音箱裸露在观众厅顶棚或墙壁之外，可采用吊、挂或嵌入形式，如图 1-5-1 所示。其特点如下：

（1）声音不受阻挡，可直接射向观众席，声能损失很小。

（2）安装、调整方向，可在现场很直观地调节好音箱的声辐射方向，保证观众席内各个区域内都可获得较为均匀的直达声。

（3）应充分注意安全。

（4）注意不要让音箱影响厅堂内的整体造型。

图 1-5-1 音箱明装方式

2. 暗 装

暗装音箱指将音箱隐蔽安装的方式，如图 1-5-2 所示。其安装特点为：

图 1-5-2 音箱暗装方式

（1）预留的安装洞口必须足够大，以便调节音箱系统方向，洞口的宽度会影响水平方向的调节，高度和深度会影响垂直方向的调节。

（2）装在顶棚内的音箱系统有两种处理方式：一种是音箱与顶棚平行放置。音箱直接平放在顶棚上，此时声音由顶棚直射相应观众席。这种方式通常适用于体育馆的场地供声系统，低音音箱系统以及分散布置的背景音箱系统。另一种是音箱装在顶棚的反声罩内，以免声能在平顶内的逸散。安装反射罩的平顶留空处要有足够大的面积，反声罩本身的出口处也必须按照音箱的声辐射角度留有足够大的空间，使音箱的声覆盖范围不受影响。反声罩应用硬木制作，并且牢牢固定在顶棚上，避免由扬声器的工作而产生共振现象，破坏重放声的音质。

（3）暗装时所用的面罩必须透声，通常可用尼龙装饰音箱布或涤纶装饰音箱布。不宜采用透声性能差的厚密织物。金属网罩容易产生刺耳的金属共振声，影响声质，也应当少用或慎重使用。

（4）有时暗装音箱前还采用了装饰格片。装饰格片的宽度应小于所装音箱纸盆直径的 1/10，格片的开口率应大于 75%，装饰格片最好做成楔形，有利于声波的传播与扩散。

（5）暗装形式有利于整个厅堂的装饰效果，但是如果处理不好，会使部分直达声能损失，而且安装比较麻烦，调整与维修亦十分不方便。

3. 吊 装

厅堂内音箱的吊装需要考虑两个问题：一是吊装位置与倾斜角度直接影响整个厅堂的声场分布，吊装角度和音箱主声束的聚束区域；二是吊装的牢固度直接关系到厅堂内的安全性。可采用吊篮吊装形式。这种吊篮在设计时应根据厅堂体形和辐射区域预先预制好，将音箱系统按各个相应位置安装固定牢固后再起吊至厅堂上空。声吊篮应配置有电动起吊设备，利于安装，调整与维修。

音箱的吊装要点是：

（1）根据专业音箱或音柱的重量设计吊装构件与固定方式，确保吊装安全可靠。

（2）顶棚吊装音箱应有四个吊装点，侧墙吊装则要有三个吊装点，便于调节倾斜角度。

（3）大型专业音箱或音柱的吊装除需特殊制作与箱体相固定的吊架，还应采用花篮螺丝和 f6 ~ f8 mm 钢索与之配合吊装。花篮螺丝可用于拉紧钢索并调节松紧，利于音箱的固定和倾斜角度调节，如图 1-5-3 所示。

图 1-5-3　音箱吊装方式

（二）背景音乐音箱安装

（1）背景音乐系统的音箱可安装在使用场合的天棚内，由于天棚高度各不相同，音箱的安装高度亦有所差异。音箱间的配置距离以 3 ~ 6 m 比较理想。有些场合亦可安装在使用场合的墙壁上，安装在墙壁上的音箱高度宜取 3 ~ 5 m，其间隔为 4 ~ 7 m。

（2）音箱的口径一般选取 φ165 mm，有些场合也使用 φ130 mm，或 φ200 mm。音箱为全频带动圈式纸盆音箱，其重放频率为 100 ~ 10 000 Hz（至少需达 8 000 Hz）。音箱可置于吸顶圆盘上，安置在顶棚内。也可以装在助声箱内，悬挂在墙壁上。

（3）吸顶音箱安装。

吸顶音箱安装如图 1-5-4 所示，其步骤如下：

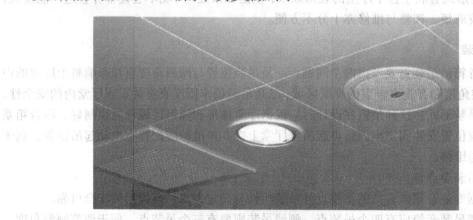

图 1-5-4　音箱吊装方式

① 将天花板割开一个圆形安装孔，将支架上的压片上移，将支架整体装入安装孔内。

② 旋松压片蝶形螺丝、将压片下移，顶紧天花板，并旋紧蝶形螺丝，以使支架固定。

三、音响系统调试

音响工程的调试，是一项既需要技术经验又需要认真细致的工作。调试就是让音响系统达到合理设计要求的唯一手段。如果调试不细致，不仅不能达到工程的设计效果，而且有可能使设备工作在不正常的状态。所以在调试前要充分认识到这项工作的重要性。

调试前要仔细确认每一台设备是否安装、连接正确，认真向施工人员询问施工遗留的有关问题；调试前必须认真地阅读所有的设备说明书，仔细查阅设计图纸的标注和连接方式；调试前一定要确信供电线路和供电电压没有任何问题；并要准备相应的仪器和工具。

（一）系统通电

音响系统安装工程完成之后，便可进行通电调试了。系统通电是给每台设备加电，验证每一单元是否都完好，连线是否正确，系统是否可发出声音。在此基础上才可进行细致调整、调试。系统通电虽说不复杂，但是工程上存在的一些问题都要在这一工作中进行验证。系统通电是保证工程质量的第一步。需要准备的仪器和工具有：相位仪、噪声发生器、频谱仪（含声压级计）、万用表等。

1. 通电前的检查

通电前的检查非常重要，如果设备或线路有严重问题未及早发现，盲目地开机通电会造成系统更大范围的故障和损坏。通电之前一定要作充分准备，仔细检查管线工程的质量并对各单件设备做初步的检查，确认不存在短路故障的情况下才能给系统通电。

（1）管线工程质量的检查。

音响系统的管线工程应按建筑电气规范进行施工、安装，并以此标准加以验收。在系统通电前一定要仔细检查，以防管线工程存在的问题祸及贵重的音响设备。在此仅强调几点关键问题：

① 现代音响设备都以单相交流电供电，管线工程完毕后应检查向音响设备供电的配电板通电源插座供电电压是否为 220 V，如果接线有差错，将两根相线接至单相电源插座上，则会有 380 V 电压，会烧毁机器。

② 检查输入调音台的信号线是否存在与功率线短路的情况。若把高电压误送入调音台输入端，会烧毁调音台。

③ 功放输出端决不可短路，因此要重点检查音箱馈线、插头、插座，确保没有短路。可先拔去音箱插头，在音响控制室那一端用万用表测音箱线两端的电阻，此时应该是开路，然后接上音箱插头，再在音响控制室那端测其电阻，此阻值一般为音箱阻抗的 1.1 倍左右，如果考虑音箱线电阻，其阻值还将大一些。插头短路是最常见的恶性事故，应引起注意。

（2）设备检验。

音响系统中设备器材众多，如果个别设备有故障，常会造成大面积器材发生损坏的恶果。例如，功放机损坏可能会出现输出端有很高的直流电压，这将引起音箱系统的损坏。专业音响器材、设备在出厂时虽然都经过严格检验，但这些器材往往要经过长途运输，而且有时还要几经转运才最终到达用户手中。装卸搬运的过程中有时难免碰撞，对设备造成损伤，仓储环境不良又可能使设备受潮。因此系统通电前，要先对单件设备先作逐个通电检查、测试。

上述对单件设备分别进行的初步测试主要包括几个方面：

① 检查设备电源。检查设备电源电压是否与市电电压 220 V 相符，电源是否置于 220 V 挡。设备没有 220 V 电压挡的机型，应考虑另配变压器。单台设备接通电源观察是否有异常现象。在不加输入信号情况下测量输出电压。此时，输出电压应基本为零，不应有直流电平输出。存在的极小的输出电压即为输出噪声。

② 单独开机。从音源开始逐步检查信号的传输情况，只有信号在各个设备中传输良好，功放和音箱才会得到经过正确处理的信号，才可能有好的音质。进行这一步时，音箱和功放先不要连接上，周边处理设备也应置于分路状态。检查时要顺着信号的去向，逐步检查它的电平设置、增益、相位及畅通情况，保证各个设备都能得到前级设备提供的最佳信号，也能为后级提供最佳信号。在检查信号的同时，还应该逐一观察设备的工作是否正常，是否稳定，这项工作意义就在于：单台设备在这时出现故障或不稳定，处理起来比较方便，也不会危及其他设备的安全。因此，这项检查不要带入下一步进行。单台设备检查通过上述这些检验，再接入系统。

2. 系统通电

在上述检验的基础上，系统开机通电将是安全的。首先将各个设备的输入、输出电缆线正确地连接好，将各级设备的增益控制都调低，音量调至最小。然后自前级到后级逐个接通设备电源，上述无误后，就将音箱和功放逐一接入系统，在较小的音量下，利用相位仪首先逐一检查所有音箱的相位是否一致，为下面的调试做好准备。并按下述步骤调整，直至在音箱中听到节目声，系统即告开通。

（1）选用动态较小的 CD 唱片，用相应的信号源设备放音，将调音台上的总推子推至 0 位，相应输入通道的分推子也推至 0 位。标准的调音台上 0 位在 70% 行程左右，此时，则应将推子置于 70% 行程附近的一条特别明显的刻线处，慢慢旋大输入通道增益（gain）调节旋钮，观察 VU 表读数，调至 VU 表通常指示在 – 6VU 以下，最大读数不超过 0VU 即可。

（2）按照信号流经设备的顺序，逐个调整其工作电平和增益。总的原则是保证各级声音信号处理设备具有为零的增益，既不对信号电平进行提升，又不对信号电平进行衰减。除非系统中设备的线路电平标准不一致，这时一般需要通过设备的输入、输出电平控制，使单个设备具有一定的增益或衰减，以达到系统中各个设备工作电平适配。

（3）房间均衡器暂时先置成 0 位，对各段频率既不提升，也不衰减。

（4）缓慢旋大功放衰减器，使音量逐步增大。此时应听到场内音箱中有正常的节目声，功放的信号指示灯（signal）应闪亮，峰值（削波）指示（Peak/Clip）仅允许偶然有闪亮为标准。

（二）音响系统的调试

系统通电后还需进一步细致的调整、调试。这些调试工作一般要借助一些专用的仪器、设备才能很好地完成。常用的仪器设备主要有：音频信号发生器、毫伏表、噪声发生器、声级计、实时频谱仪；需要测量混响时，则还需要电平记录仪。

1. 传声器相位校验

音响系统中同时使用的传声器一般情况下应该是同相位的。在工程交付使用之前需将系统中所有传声器的相位都校正成同相位的。在使用中由于特殊需要而要求将个别传声器接成反相位时，可利用调音台上的相位倒置开关或者插入一段"反相线"。检验传声器相位的方法很简单，若两个传声器是同相位的，则这两个传声器指向同一声源时音量会明显增加，若两个传声器是反相的，则这两个传声器同时使用音量反而减轻。调整时，可任选一个传声器作基准，将系统中所有的传声器都与之比较，将相位与之相同的归为一类，相位与之不同的归为另一类。将为数较少的一类传声器相位进行调整，即把卡侬插上 2 脚与 3 脚的接线互换，便可实现相位调整。

2. 房间均衡器调整

房间均衡器一般要借助粉红噪声发生器和实时频谱仪才能精确调整。房间均衡器主要用于对房间频率特性进行修正和补偿。因此，在调试时应保证厅堂的环境与实际听音环境的一致性。另外，房间均衡器的调整，有时需与音箱布局的调整结合起来。房间均衡器调整要点：

（1）在 20 ~ 50 Hz 的低频段以及 14 kHz 以上高频段，其频率特性不必强求，尤其低频段更是如此。因为一般音箱难似延伸至 20 Hz，能够达到 40 Hz 已算不错。强求低频段特性的平坦而提升超低频，会使音箱因过大的延伸低频而"失控"，失真加剧。

（2）房间均衡器的调整应始终考虑到频率特性平坦与尽量减小相位失真之间的矛盾，而做出折中的考虑。

（3）对于建声环境的频率特性存在明显的"峰"和"谷"的情况下，应考虑改变音箱位置和设法改变建声特性。

（4）房间均衡器的调整是十分细致的工作，需要多次重复调整才可最终调定。这是因为在调整过程中往往还需对音箱摆位、建声环境作一些调整，且均衡器在调整时会有相互牵制。

3. 电子分频器的调试

电子分频器的调试可以分高、中、低频单独进行，其中分频器在系统中的用途不同，调试的方法也有区别。如果分频器仅用于低音音箱的分频，要再让低音音箱单独工作，将分频器的低音分频点取在 150 ~ 300 Hz，适当调整低音清号的增益，感觉低音音量适当便可，然后与全频系统一道试听，再进行低音与全频音量的平衡；如果分频器用在全频系统中，就要求准确依照音箱厂家提供的参数分别设定高、中、低频的分频点，然后反复进行各频段信号增益的调整，直到各频段的听感比较平衡后，再参照频谱仪在各测试点测试的声压情况做进一步的微调。

4. 延时器的调整

如前所述，在扩声系统中使用延时器的目的，除了产生一些声音的"特技效果"以外，主要是用来防止重音、回声，改善音响的清晰度。作为这一目的使用的延时器的调整，应该是以消除不同音箱辐射出的直达声到达听音者的时间差为原则。但在实际工程应用中往往并不要求将此时间差补偿到零。首先，这样做是很难实现的，因为在某一点位置上实现为零的时间差，则其周围的位置上则仍然不可避免地会有时间差。其次，将不同音箱辐射的直达声到达的时间差完全补偿到零，在听觉上反而会不自然。因为在完全依靠建筑声学结构自然音响的场合下，声压级的均匀分布主要是靠近次反射声对直达声的增强作用来实现的，此时近次反射声与直达声到达听众的时间差反映了厅堂的空间感。当然能量较强的近次反射声与直达声的时间差不能超过 Hass 效应指出的 50 ms，否则会使清晰度受到很大的影响。调整得当，可获得更真实自然的音响效果。

5. 压限器的调整

对于压限器的调试，应该在系统的以上设备基本调走后再进行。一般在工程中，压限器的作用是保护功放和音箱，使声音的变化平稳。所以在调试时首先要设定压缩起始电平，通常不要设定得太低，具体设置应该视各种压限器的调节范围和信号情况而定。其次要设定压缩启动和恢复时间，通常启动时间不宜太长，以免保护动作不及时；对设备的保护而言，启动时间短一些将会更有利。为了有利于在听感上保持有较好的动态感，恢复时间不宜太短，以免造成声音效果受到破坏。一般工程中设定压缩比在 4∶1 左右。这两项参数的调整总的来说要根据节目的具体情况，以听感自然、不觉得声音有明显的变化为准。要特别注意压限器中噪声门的设定，如果系统没有较大的噪声，可以将噪声门关闭；如果有一定的噪声，可以将噪声门的门限电平设定较低处，以免造成扩声信号断断续续的现象；如果系统的噪声较大，就应该从施工技术方面分析了，不能单独靠噪声门来解决。其他设置可以根据不同要求而定。

1.6　会议室语音系统运行与维护

【知识要点】

➢ 音响系统运行与维护；
➢ 音响系统故障检修要求；
➢ 常用故障检修方法。

扩声系统的专业人员既要对播出的音响效果负责，又要对设备的正常运行负责。因此，对于从事现场扩声工作的音响师，应该对设备的维护、故障的分析判断、发生故障时的应急措施都要有所掌握，这样才能应付现场扩声工作中可能出现的各种实际情况。本节主要包括系统检修方法和常用设备的检测。

一、系统的运行

1. 系统维护

音响系统中电声设备的保养维护，主要是防潮、防振、防过载。而音响设备本身与一般的电子设备并无什么大的差别，作为系统的保养有异曲同工之处。需要注意的是：

（1）调音台、功放的衰减器，即调音台上的推子和功放上的衰减器，在系统开机、关机时都应置于衰减量最大的位置，待系统电源接通，启动后再按要求慢慢调整到合适位置。

（2）应防止液体，杂物和灰尘等落入调音台推子的缝隙中。

（3）防止系统各级设备严重过激励而损坏输入级。

（4）防止信号过强而损坏功放和音箱系统。

2．应急措施

在音响系统运行过程中，出现故障是难免的。此时应采取应急措施，确保主声场有足够的声音。常用的应急措施有以下三种：

（1）简化系统。

最简单的系统只要有调音台、功放、扬声器即可进行扩音。甚至在使用灵敏度高的电容式传声器时，将电容传声器的输出直接接到功放的输入端都能勉强进行工作。

（2）启动备用系统。

由于音响系统中的设备一般都是按立体声方式配置的，在实际扩音中多不作立体声扩音，若一路设备损坏，可以用另一路完好的设备带动两路后级。例如，对原有两路均衡器的系统，损坏了一路则可临时接成单声道形式。当然这样连接时只能作单声道扩声。另外，要注意前级设备一路输出带后级若干个负载时应保证后级输入阻抗的并联值不应太低，通常只要不低于 $600\ \Omega$ 则可以保证前一级设备的安全运行。对于功率放大器也是如此，如果系统中两台功放损坏一台时，往往可将扬声器全部接到一台功放上，但要注意扬声器并联后的阻抗不应小于功放规定的最低负载阻抗（一般是 $4\ \Omega$）。

（3）用返听系统代替。

暂时取消返听、监听功能，保证场内扩声。当要求有较好的效果时，返听、监听设备是必要的，但当系统发生故障，需要作应急处理时，应首先保证场内扩音，此时可临时将返听、监听用的器材设备用于场内的主扩音系统，首先确保观众可以听到声音。

二、系统故障检修要求

随着扩声系统的普及，维修工作量日益增大。目前，在国内可见到的专业音响设备的品牌已有近百个，而且有不断增加的趋势。故障的分析和检修是音响工程师必须掌握的技术。扩声系统是由许多设备单元构成，一旦其中的一件设备发生故障，往往就会影响整套系统的工作。必须要在发生故障时能迅速、准确地找出故障发生在哪一级的哪件设备，决定是否自行修理或是需送专业修理部，可否有应急的办法。

从维修角度讲，专业音响的维修难度较大。其一是检修资料缺乏，特别是进口音响设备一般都不提供电路原理图，电路印制板图更难找到，有关专业音响维修经验的资料也不多，给维修工作增加了不少困难。其二是专业音响设备在技术上较先进，涉及的新知识多，出现故障的因素多，需要维修人员考虑的问题也比较多。掌握扩声系统检修技术的关键是要把理论与动手实践结合起来。

1．理论学习的要求

（1）要会看懂系统图，了解组成系统的各个单元设备，弄清楚信号的流向，并能把原理图中的标注与实际系统中的设备一一对应。

（2）要了解系统组成和电路部分的工作原理，会做一些必要的计算，并能画出简要的图形。

2．对实际动手的要求

（1）熟练地识别和检测扩声系统中常用的设备，并能进行必要的修复和代换。

（2）掌握查找故障的基本方法，能快速、准确地找出故障的所在部位。

（3）在焊接、调试、拆装等方面具备良好的动手能力，养成耐心、细致的工作习惯。

（4）有一套得心应手的检修工具和仪器，品种齐备，使用娴熟。

检修专业音响设备是一门科学，需要不断总结经验，注意收集各种音响设备的技术参数，特别是专业扩声系统的接线图、电路原理图和印制板图，尽可能地多收集专业音响的检修实例，不断学习音响技术领域的新知识，为提高音响设备维修水平打下坚实的基础。

音响设备产生故障的原因多种多样，有些故障及原因之间存在一定的联系。维修人员在具备了一定的维修条件下，按照检修程序，运用检修仪器和检修工具，常用所掌握的故障判别方法来检修音响设备的故障。因此，对维修人员来说，不仅要有理论基础，还要熟悉各种检修仪器，掌握仪器的用途和使用技巧，掌握快速判断系统故障和检测设备好坏的基本方法，通过反复实践，一定可以熟练掌握专业音响系统和设备的维修技术。

三、常用故障检修方法

专业音响系统是集中了电子技术中的声、光、电、磁和机械技术相互配合的一体化系统，是"高精尖"级的产品。由于其内部结构复杂，因此专业音响检修是一项技术性很强的工作。对音响检修人员来说，判断故障部位往往比修复工作更加困难，可以说是"七分判断，三分修理"。正如医生给病人"确诊"后才能进行有效治疗一样。

（一）故障判断步骤

扩声系统的故障判别一般包括"问"、"看"、"听"、"测"四步。

"问"就是不急于开机检查，而是先了解一下基本情况，要对音响的工作状态、工作环境以及使用等情况有所了解，还要询问故障发生的过程、现象以及原有情况，做到心中有数。

"看"就是指在询问的基础上，不通电，但要对扩声系统进行查看，看有无异常的地方，例如接插件松动、断裂或设备中有明显的烧痕等。

"听"就是在"问"和"看"之后，通电试听，检查故障状况与用户反映的现象是否一致，并注意那些出现异常的部位。放音效果是扩声系统技术指标的综合体现。因此，通过"听"音，可以直接了解故障的实际表象。

"测"是指借助于电子仪器，检测音响电路的技术参数（如电压、电阻等），并与正常工作状态进行比较，来查找故障的原因。

将以上四个步骤进行归纳，可以总结出直接检查法和测量法等基本的判别方法。

（二）故障检修方法

1. 直接检查法

直接检查法是指不借助仪器，而是通过检修人员的眼、耳、鼻、手等感觉器官去发现故障的一种方法。

（1）眼看。

观察系统的工作状态，按键、旋钮是否在正确位置或有无损坏；各设备的显示屏指示是否正常。打开所怀疑的音响设备，看内部接插件是否脱落；印制板、集成电路是否有断裂损坏；晶体管、电容、电阻有无烧痕，是否爆裂、松动、开焊、相碰。通电时，系统和设备内有无冒烟和打火现象等。

（2）耳听。

开机通电，细听机内有无爆裂声，电机和走带机构有无不正常的噪声，电源变压器有无较大的交流声，系统有无啸叫及嗡嗡声。通过声音来判断故障原因及大概部位。

（3）鼻嗅。

嗅系统和音响设备内部有无烧焦的气味，有无高压放电的臭氧味。

（4）触摸。

在通电状态下，用手触摸电路板上的元件。检查有无虚焊、开焊、松动、断裂现象，检查接插件是否接触良好。通电一段时间后，用手触摸设备外壳和电源变压器、电源大功率管、电机驱动集成电路及其他一些可疑零件是否发热。但此项检查要注意安全。

2. 测量法

测量法是指利用仪器对出现故障的系统和音响设备的电路进行检测，是检修扩声系统和设备电路最常用的方法。通过测量各级设备，可以查明系统的静态工作状态是否正常，为进一步确定故障部位提供依据。

（1）测电压法。

采用测电压法的关键是要知道被测部位的正常电压值，如放大器电源的交直流电压、调音台的 48 V 幻象电压、音响设备信号连接处的线路电平等。最好事先准备好已标明电压值的系统图，会对提高检修效率有帮助。如果图纸上未标电压值，可根据系统或电路原理图进行计算。

（2）测电阻法。

测电阻法是指用万用表直接在系统中测量设备、部件之间和对地的电阻值，以发现和寻找故障部位，如音箱输入阻抗、传输电缆的电阻等。使用此种方法，一定要在不通电状态下进行。在实际检测中，不用把设备从系统上拆卸下来，可直接在系统上测量音响设备性能的好坏。但是，被测设备是接在整个系统电路中的，所以用万用表测得的阻值，反映地是被测支路和所并联的外部支路的总阻值。一般来说，总的等效电限值小于被测支路阻值。

3. 信号注入法和波形观察法

信号注入法和波形观察法是利用专用测试光盘、音频信号发生器、跟踪示波器、毫伏表等检测仪器，对扩声系统和音响整机进行检修的方法。这种方法对检查音响系统的动态故障既快速又准确。

（1）信号注入法。

信号注入法是将信号源产生的各种测试信号注入所检修的扩声系统和整机电路中，再通过扬声器的反应声来判断故障的一种方法。采用信号注入法进行故障检查时，应遵循从后级往前逐级检查的顺序。测试信号注入某级，故障现象出现，就表明故障部位在此处。为了迅速找到故障部位，需要注意分析、判断故障可能涉及的部位或设备。然后，利用分段注入信号的方法，大体确定故障范围，分片分段进行检测，逐步缩小故障范围，就能很快找到故障。信号注入法适用于对整个扩声系统故障的检查。

（2）波形观察法。

波形观察法即是指按照系统中信号流程的顺序，用示波器逐级观察信号波形的检测方法。通过测出信号的宽度、幅度及周期等参数，将检测结果与系统给出的波形及参数进行比较，即可查出故障部位。波形观察法是从前向后逐级进行检测的，如前面音响信号源设备的输出信号正常，测到后面的调音台输出信号不正常，故障就可能发生在调音台处。

总之，信号注入法和波形观察法是利用测试仪器查找电路故障，不仅能提高检修速度，还能减少设备的损坏，有些不易发现的潜在故障也能在检测中及时解决。

4. 旁路法

当怀疑某一件设备可能存在故障时，有时可以将信号越过这一级设备，直通后级，使这一级设备旁路（By-Pass），观察故障是否消除。这种检查方法便是旁路法。

旁路法可用于判断确定噪声、交流声、失真以及无声故障发生于哪一级设备。例如，扬声器中发出的声音明显失真，经检查确认调音台、功放均无问题；而怀疑是均衡器有故障时，可将均衡器旁路，若失真消失，则可断定是该级故障。又如系统完全无声，经检查，怀疑是压限器损坏。将压限器从系统中去掉，接成调音台-均衡器-功放的形式，若故障消失，扬声器中发出声音，则可断定是压限器损坏。

许多设备（主要是声音处理设备）都有旁路开关，利用这个开关就可以将此设备旁路，判断出设备是否存在故障。有时设备上的旁路开关并不能把该设备旁路，原因是这些设备的旁路开关只有在电源正常时才能起作用。此时，可调整接线，越过该设备，实现旁路检查。

5. 断路检测法

断路检测法就是采用断开扩声系统的某一环节，或者拆卸某一设备来缩小故障范围的检测方法。这种方法最适合扩声系统存在短路的故障检测。把系统分割，消除与故障有关设备的影响，以此判断设备的工作状态，判断出故障所在。例如，直流保险管熔断，说明负载电流过大，导致了电源输出电压下降。要首先搞清是哪一路电流大，可将电流表串在直流稳压电源的保险管座处，然后把有疑点的设备断开，观察总电流的变化。如果断开后电流恢复到正常值，就可以判断故障就在此设备中。

使用断路检测法要在不影响其他设备的前提下确定断开某台设备，以免损坏其他设备，造成系统损坏等严重后果。对一些高电压、大电流的系统，不要随便断开设备，以免损坏其他系统。例如，若随便断开压限器，会对后级的功放造成危险。因此，在使用断路检测时要谨慎行事。

6. 代换检测法

代换检测法就是用性能良好的插接件或一台好的音响设备来代换有故障的插接件和设备，以此来判断原插接件或设备好坏的方法。

扩声设备一般都按两个声道的方式配置。虽然并不一定采用立体声方式扩音，但由于设备是两路对称的，最常用的"替代法"可将左右两路设备互换，来判断故障所在。例如发现设备左路输出有严重失真，换到某级时，发现是右路出现失真，便可确定该级存在故障。此方法在修理音响设备及系统时常常用到。例如话筒的音量下降、卡侬插接件内部断路、功放局部短路等，使用代换检测法能较快地找到其故障。

需要注意的是，所代换的设备要与原来的规格、性能相同，不能用低性能来代替高性能的，也不能用小功率设备来代换大功率设备，防止烧坏系统和整机设备。使用代换检测法要十分小心，不可盲目更换，在代换中也要避免接错连线或短路其他设备，否则非但不能找到故障，还可能扩大其故障范围，甚至损坏扩声系统。

7. 跳级检测法

所谓越级检测，实际上就是不逐级进行检修，而是越过故障系统中的某一级或几级，直接检查怀疑有故障的某一级设备。这种方法对检修无声或声音小的故障整机特别适用。如果有扩声系统有正常屏幕显示，而无声音发出，可结合信号注入法，分几部分的检测，即可快速找出其故障所在部位。

参考资料 2　视频监控系统安装与维护

 任务与参考资料分析

安全防范主要分为人防、物防和技防三种类型，而视频监控是最主要的安全防范技术之一，广泛应用于工农业生产和人们的日常生活中。比如图 2-0-1 为城市天网工程，图 2-0-2 为交通电子眼，图 2-0-3 为银行视频监控报警平台等。

图 2-0-1　城市天网摄像头

图 2-0-2　交通电子眼

图 2-0-3　银行视频监控系统平台

要完成一个简单室内视频监控系统的安装与维护任务，需要同学们自主学习学习视频监控系统的发展、组成及应用领域；视频监控、检测技术；视频采集卡、硬盘录像机等常见视频监控设备的类型、安装、选用和使用方法。能按任务要求列出设备和材料采购清单，并通过网络进行询价、购买视频监控设备和通信材料；能识读和使用 Visio 2007 绘图软件绘制视频监控系统拓扑图或连接图；能使用焊接工具和材料制作视频线缆；会按弱电工程布线要求完成监控系统线缆的敷设、连接和检测任务；会安装、使用和卸载视频监控系统软件；会调试和维护视频监控系统，使之正常运行。

除此之外，还要在学习过程中，培养自主学习能力、信息处理能力、解决问题能力、团队合作意识、社会责任意识、服从意识、安全生产意识等职业综合能力和素养。

参考资料

2.1　视频监控系统发展与设计

【知识要点】

➢ 视频监控系统的发展及特点；

➢ 视频监控系统的组成及设计；

➢ 监控系统的发展前景。

一、监控系统的发展历程

视频监控系统发展了短短二十几年时间，从最早的模拟监控到这些年火热的数字监控再到方兴未艾的网络视频监控，发生了翻天覆地的变化。

从技术角度出发，视频监控系统发展划分为第一代模拟视频监控系统（CCTV），第二代基于"PC + 多媒体卡"数字视频监控系统（DVR），第三代完全基于 IP 网络视频监控系统（IPVS），以及介于第二代和第三代之间的 DVS。

1. 第一代视频监控 CCTV

在 20 世纪 90 年代初以前，主要是以模拟设备为主的闭路电视监控系统，称为第一代模拟监控系统。图像信息采用视频电缆，以模拟方式传输，一般传输距离不能太远，主要应用于小范围内的监控，监控图像一般只能在控制中心查看。它主要由摄像机、视频矩阵、监视器、录像机等组成，利用视频传输线将来自摄像机的视频连接到监视器上，利用视频矩阵主机，采用键盘进行切换和控制。录像采用使用磁带的长时间录像机，远距离图像传输采用模拟光纤，利用光端机进行视频的传输。

传统的模拟闭路电视监控系统有很多局限性：

（1）有线模拟视频信号的传输对距离十分敏感。

（2）有线模拟视频监控无法联网，只能以点对点的方式监视现场，并且使得布线工程量极大。

（3）有线模拟视频信号数据的存储会耗费大量的存储介质（如录像带），查询取证时十分烦琐。

2. 第二代基于"PC+多媒体卡"数字视频监控系统（DVR）

20 世纪 90 年代中期，基于 PC 的多媒体监控随着数字视频压缩编码技术的发展而产生。系统在远端有若干个摄像机、各种检测和报警探头与数据设备，获取图像信息，通过各自的传输线路汇接到多媒体监控终端上，然后再通过通信网络，将这些信息传到一个或多个监控中心。监控终端机可以是一台 PC 机，也可以是专用的工业控制机。

这类监控系统功能较强，便于现场操作；但稳定性不够好，结构复杂，视频前端（如 CCD 等视频信号的采集、压缩、通信）较为复杂，可靠性不高；功耗高，费用高；需要有多人值守；同时，软件的开放性也不好，传输距离明显受限。PC 机也需专人管理，特别是在环境或空间不适宜的监控点，这种方式不理想。

这其实是半模拟-半数字的监控系统，目前在一些小型的、要求比较简单的场所使用比较广泛。只是随着技术的发展，工控机变成了嵌入式的硬盘录像机，该机性能较好，可无人值守，还有网络功能。

3. "模拟-数字"监控系统（DVR）的延伸——DVS

DVS 是以视频网络服务器和视频综合管理平台为核心的数字化网络视频监控系统，是目前比较主流的监控系统，性能优于第一代和 DVR，比第三代有价格优势，技术也相对成熟，虽然某些时候施工布线会比较复杂，但总体来说瑕不掩瑜。主要优点是：

（1）克服了模拟闭路电视监控的局限性。

（2）数字化视频可以在计算机网络（局域网或广域网）上传输图像数据，不受距离限制，信号不易受干扰，可大幅度提高图像品质和稳定性。

（3）数字视频可利用计算机网络联网，网络带宽可复用，无须重复布线。

（4）数字化存储成为可能，经过压缩的视频数据可存储在磁盘阵列中或保存在光盘、U 盘中，查询十分简便快捷。

（5）不需要庞大的布线工作，减少了施工量。

4. 第三代视频监控：完全使用 IP 技术的视频监控系统 IPVS

IPVS 与前面三个监控系统的主要区别是：该系统优势是摄像机内置 Web 服务器，并直接提供以太网端口，摄像机内集成了各种协议，支持热插拔和直接访问。这些摄像机生成 JPEG 或 MPEG-4 数据文件，可供任何经授权客户机从网络中任何位置访问、监视、记录并打印，而不是生成连续模拟视频信号形式图像。更具高科技含量的是可以通过移动的 3G 网络实现无线传输，可以通过笔记本、手机、PDA 等无线终端随处查看视频。

5. 关于无线监控

无线监控比较常用的有：模拟微波视频传输，数字微波视频传输，无线网桥，或者用电信和移动的通信网络 CDMA，TD-SCDMA（这种方式价格昂贵，而且图像不实时，每秒也就几帧图像，延时大概有十几秒钟，图像大小约为 352×288）。前面两种方式是目前比较常用的。

模拟微波传输就是把视频信号直接调制在微波的信道上（微波发射机，HD-630），通过天线（HD-1300LXB）发射出去，监控中心通过天线接收微波信号，然后再通过微波接收机（RECORD8200）解调出原来的视频信号。如果需要控制云台镜头，就在监控中心加相应的指令控制发射机（HD-2050），监控前端配置相应的指令接收机（HD-2060），这种监控方式图像非常清晰，没有延时，没有压缩损耗，造价便宜，施工安装调试简单，适合一般监控点不是很多、需要中继也不多的情况下使用。

数字微波传输就是先把视频编码压缩（HD-6001D），然后通过数字微波（HD-9500）信道调制，再通过天线发射出去，接收端则相反，天线接收信号，微波解扩，视频解压缩，最后还原模拟的视频信号，也可微波解扩后通过电脑安装相应的解码软件，用电脑软解压视频，而且电脑还支持录像，回放，管理，云镜控制，报警控制等功能。这种监控方式图像有 720×576 和 352×288 的分辨率选择，前者造价更高，视频有 0.2～0.8 s 的延时，造价根据实际情况差别很大，但也有一些模拟微波不可比的优点，如监控点比较多，环境比较复杂，需要加中继的情况多，监控点比较集中，它可集中传输多路视频，抗干扰能力比模拟的要好等，适合监控点比较多、需要中继也多的情况下使用。

二、视频监控系统的分类与区别

1. 视频监控系统的类型

视频监控按传输的信号分有模拟监控和数字监控。模拟监控是通过视频线缆，以模拟方式来传输信号，其系统拓扑图如图 2-1-1 所示。而数字监控是通过网络来传输信号，各个视频网络服务器都有独立的 IP 地址，将数字化的视频压缩信号直接连接到 LAN/WAN 中作为整个网络的视频共享资源。其系统拓扑图如图 2-1-2 所示。

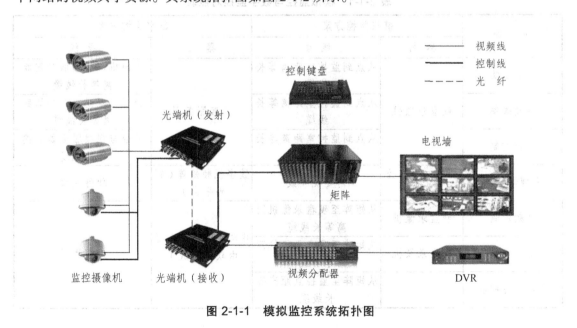

图 2-1-1　模拟监控系统拓扑图

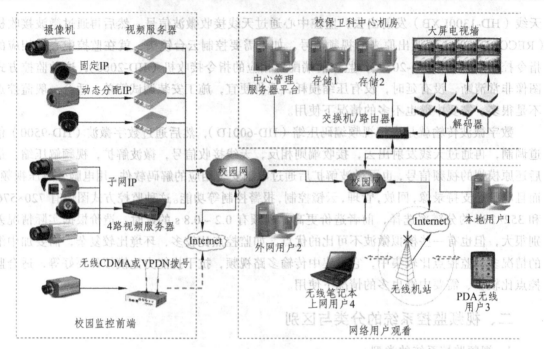

图 2-1-2　数字监控系统拓扑图

2. 模拟监控与数字监控的区别

模拟监控与数字监控在功能、器材、线缆等方面的区别如表 2-1-1 所示。

表 2-1-1　模拟监控与数字监控对照表

功　能	模拟监控方案		数字监控方案	
	器　材	线　缆	器　材	线　缆
视频采集	硬盘录像机	从点到监控室距离等长线缆	视频服务器	摄像机与视频服务器距离等长线缆
音频采集		从点到监控室距离等长线缆		拾音器与视频服务器距离等长线缆
云台控制		从点到监控室距离等长线缆		云台与视频服务器距离等长线缆
电视墙显示	矩阵、矩阵控制器	需要视频线	数字视频矩阵（解码平台）	软件完成
视频录制	硬盘录像机	从矩阵至硬盘录像机距离等长线缆	中心控制台（主要由软件完成）	无需线缆
音频录制	硬盘录像机	从矩阵至硬盘录像机距离等长线缆		
现场开关控制		从矩阵至监控点距离等长线缆		

从上述系统拓扑图和表 2-1-1 可以看出，使用模拟视频监控方案，每一个监控点必须都有专门的线缆铺设至中心，包括音频线、视频线、控制线。而使用数字视频监控方案，每一

个监控点只需在现场使用很短的线缆连接，所有数据传输给网络视频服务器，网络视频服务器接入学校主干网络，进入中心后实际只是一根网线。不仅成本节约，而且维护也很方便。

三、视频监控系统的组成

典型的视频监控系统主要由前端设备和后端设备两大部分组成，其中后端设备可进一步分为中心控制设备和分控制设备。前、后端设备有多种构成方式，它们之间的联系可通过电缆、光纤或微波等多种方式来实现。视频监控系统由摄像机部分（有时还有拾声器）、传输部分、控制记录以及显示部分四大块组成。在每一部分中，又含有更加具体的设备或部件。

1. 摄像部分

摄像部分主要就是摄像机，如图 2-1-1 所示。其清晰度用电视线 TVL 表示。常见的有 420TVL、480TVL、520TVL、580TVL 等.高清监控摄像机已经达到 1080P。420TVL 相当于 25 万像素，480TVL 相当于 38 万像素以上。

图 2-1-3　某品牌摄像机

提示： 视频监控属于弱电行业，所以摄像机以及配套产品（云台、视频服务器）的电源一般选用 12 V、24 V（机房设备除外）。

2. 传输部分

视频传输选用 75 Ω 的同轴电缆，通常使用的电缆型号为 SYV-75-3 和 SYV-75-5。它们对视频信号的无中继传输距离一般为 300 ~ 500 m，当传输距离更长时，可相应选用 SYV-75-7、SYV-75-9 或 SYV-75-12 的粗同轴电缆（在实际工程中，粗缆的无中继传输距离可达 1 km），在视频信号衰减而图像变模糊可考虑使用信号放大器。

大的系统电源线是按交流 220 V 布线，在摄像机端再经适配器转换成直流 12 V，这样做的好处是可以采用总线式布线且不需很粗的线，小的系统也可采用 12 V 直接供电的方式，因为有衰减，所以距离不能太长。

控制电缆通常指的是用于控制云台及电动可变镜头的多芯电缆，它一端连接于控制器或解码器的云台、电动镜头控制接线端，另一端则直接接到云台、电动镜头的相应端子上。如果在摄像机距离控制中心较远的情况下，也有采用射频传输方式或光纤传输方式。

3. 控制记录部分

控制部分是整个系统的"心脏"和"大脑"，是实现整个系统功能的指挥中心。总控制台主要的功能有：视频信号放大与分配、图像信号的校正与补偿、图像信号的切换、图像信号（或包括声音信号）的记录、摄像机及其辅助部件（如镜头、云台、防护罩等）的控制（遥控）等。控制记录部分主要由硬盘录像机 DVR 完成，常见的硬盘录像机有 PC 式和嵌入式。

（1）PC 型硬盘录像机实质上就是一部专用工业计算机，利用专门的软件和硬件集视频捕捉、数据处理及记录、自动警报于一身。操作系统一般采用 Windows 系列。不足之处是其操作系统基于 Windows 运行，不能长时间连续工作，必须隔时重启，且维护较为困难。

（2）嵌入式硬盘录像机可用面板、遥控、鼠标来操作，操作系统采用自行研发的操作系统。优点是操作简便、稳定，能长时间连续工作。

4. 显示部分

显示部分一般由几台或多台监视器（或带视频输入的普通电视机）组成。它的功能是将传送过来的图像一一显示出来。也可采用矩阵+监视器的方式来组建电视墙。一个监视器显示多个图像，可切割显示或循环显示。目前采用的有等离子电视、液晶电视、背投、LED屏、DLP 拼接屏等。

四、视频监控系统的设计

通常的中小型电视监控系统规模都不大，功能也相对简单，但其适用的范围非常广。一般来说，典型中小型电视监控系统的摄像监视点数不超过 32 点，造价大都在几万～十几万乃至几十万不等。

1. 简单的定点监控系统

最简单的定点监控系统就是在监视现场安置定点摄像机（摄像机配接定焦镜头），通过同轴电缆将视频信号传输到监控室内的监视器。例如，在小型工厂的大门口安置一台摄像机，并通过同轴电缆将视频信号传送到厂办公室内的监视器（或电视机）上，管理人员就可以看到哪些人上班迟到或早退，离厂时是否携带了厂内的物品。若是再配置一台硬盘录像机，还可以把监视的画面记录下来，供日后检索查证。

这种简单的定点监控系统适用于多种应用场合。以某著名外企总部为例，该总部曾多次丢失高档笔记本电脑，后来在其各楼层的所有 12 个出口都安装了定点摄像机，并配备了硬盘录像机，有效地杜绝了上述失盗现象。

2. 简单的全方位监控系统

全方位监控系统是将前述定点监控系统中的定焦镜头换成电动变焦镜头，并增加可上下左右运动的全方位云台，使每个摄像机可以进行上下左右的扫视，其所配镜头的焦距也可在一定范围内变化（放大缩小）。很显然，云台及电动镜头的动作需要由系统主机配合的解码器来控制。

最简单的全方位监控系统与最简单的定点监控系统相比，在前端增加了一个全方位云台及电动变焦镜头，通过监控主机控制，另外从前端到控制室还需多布设一条控制线缆。以某小型制衣厂的监控系统为例，在其制衣车间安装了两台全方位摄像机，在厂长办公室内配置了硬盘录像机，当厂长需要了解车间情况时，只需通过主机选定某一台摄像机的画面，并通过操作控制使摄像机对整个监控现场进行扫视，也可以对某个局部进行定点监视。

在实际应用中，并不一定使每一个监视点都按全方位来配置，通常仅是在整个监控系统中的某几个特殊的监视点才配备全方位设备。

3. 具有小型主机的监控系统

一般来说，使用系统主机会增加整个监控系统的造价，这是因为系统主机的造价要比普通监视器高，而与之配套的前端解码器的价格也高。但从布线考虑，各解码器与系统主机之间是采用总线方式连接的，因此系统中线缆的数量不多（只需要一根两芯通信电缆）。另外，集成式的系统主机大都有报警探测器接口，可以方便地将防盗报警系统与电视监控系统整合于一体。当有探测器报警时，该主机还可自动地将主监视器画面切换到发生警情的现场摄像机所拍摄的画面。

4. 具有声音监听的监控系统

电视监控系统中还常常需要对现场声音进行监听（例如：银行柜员制监控系统），因此从系统结构上看，整个电视监控系统由图像和声音两个部分组成。由于增加了声音信号的采集及传输，从某种意义上说，系统的规模相当于比纯定点图像监控系统增加了一倍，而且在传输过程中还应保证图像与声音信号的同步。

现有的嵌入式硬盘录像机可以轻松地实现这个功能，使图像与声音一一对应，达到监听的目的。

5. 大中型电视监控系统

大中型电视监控系统的监视点数增多，除了包含有大量的全方位监视点外，还常常与防盗报警系统集成为一体。由于汇集在中心控制室的视音频信号多，往往需要多种视音频设备进行组合，很多系统还需要多个分控制中心（或分控点），因此系统相对庞大。

从原理上说，大中型电视监控系统与前述的中小型电视监控系统是一样的。这里所谓的"大中型"可有两层含义：一是指系统的规模大，如前端摄像机的数量及中心控制端设备的数量都很多，中心控制室的场面也很庞大，往往还要有一面庞大的电视墙，能同时显示出大小不等的十几个甚至几十个实时监控现场的画面，另外还在很多相关部门设有分控系统，有时还会与防盗报警系统或门禁刷卡系统联动。二是系统的复杂程度高，作业难度大，传输条件恶劣，使得十几个点的监控系统比普通超市或写字楼中的同十个甚至上百个点的监控系统的施工与调试还难。

6. 多主机多级电视监控系统

以某大型工厂的监控系统为例，用户要求在其每一个相对独立的厂区都安装一套闭路电视监控系统，各厂区内有独立的监控室，管理人员可以对本系统进行任意操作控制。而整个工厂还要建立一个大型监控系统，将各厂区的子系统组合在一起，并设立大型电视监控中心，在该中心可以任意调看一厂区中某一个摄像机的图像，并对该摄像机的云台及电动变焦镜头进行控制。这就提出了由各厂区的多台主机共同组成大型电视监控系统的要求。

方法一：可以通过硬盘录像机的网络功能来实现。给每个主机配上工厂的内网 IP，把主机接入网络，在领导办公室可以任意调看或控制任一厂区任一个摄像机的图像。

方法二：给每个监控点都配上视频服务器，接入工厂内网，无论在什么地方都可以随意观看或控制（有权限设置），这样就把原来的模拟监控变成了数字监控了。

五、监控系统的发展前景

未来监控系统发展的整体方向是：数字化、智能化、自动化、网络化。网络化是监控系统的大势所趋，它大大地简化和提高了信息传递的方式和速度。随着网络技术和计算机技术的不断发展以及市场应用环境的逐步成熟，基于视频交换技术的网络视频监控系统已经成为监控系统发展方向。可以预计，网络视频监控系统以其远距离监控、良好的扩充性和可管理性、易于与其他系统进行集成等模拟视频监控系统所无法企及的优势，最终将完全取代模拟视频监控系统，而成为监控系统的新标准。

2.2　视频摄像与图像传输子系统组成

【知识要点】

➤ 视频探测与监控技术；
➤ 视频摄像子系统组成；
➤ 图像传输子系统组成。

一、视频探测与监控技术

视频监控系统是安全技术防范体系中不可或缺的重要组成部分，是一种先进的、防范能力极强的综合系统。它可以通过遥控摄像机及其辅助设备（镜头、云台等）直接观看被监视场所的情况；可以把被监视场所的图像内容、声音内容同时传送到监控中心，使被监视场所的情况一目了然。同时，电视监视系统还可以与防盗报警等其他安全技术防范体系联动运行，使防范能力更加强大。

随着多媒体技术的发展以及计算机图像文件处理技术的发展，使电视监控系统在实现自动跟踪、实时处理等方面更有了长足发展。另一方面，它可以把被监视场所的图像及声音全部或部分地记录下来，为日后对某些事件的处理提供了方便条件及重要依据。视频监控系统原理图如图 2-2-1 所示。

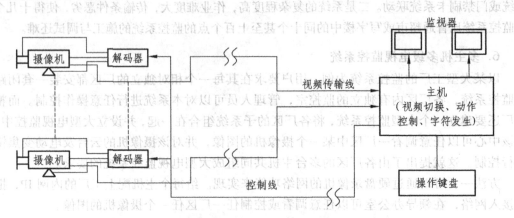

图 2-2-1　视频监控系统原理图

二、摄像视频子系统

摄像部分是电视监控系统的前端部分，是整个系统的"眼睛"。它布置在被监视场所的某一位置上，使其视场角能覆盖整个被监视的各个部位。被监视场所的情况是由它变成图像信号传送到控制中心的监视器上，所以从整个系统来讲，摄像部分是系统的原始信号源。

在摄像机上安装电动的（可遥控的）可变焦距（变倍）镜头，使摄像机所能观察的距离更远、更清楚。如果把摄像机安装在电动云台上，通过控制台的控制，可以使云台带动摄像机进行水平和垂直方向的转动，使摄像机能覆盖更大的角度、面积。

三、图像传输子系统

传输部分就是系统图像信号的传输通路。目前视频监控系统多半采用视频基带传输方式，在摄像机距离控制中心较远的情况下，也有采用射频传输方式或光纤传输方式。传输部分的好坏将影响到整个系统的质量。

在视频监控系统中，主要有两种信号，一种是图像信号，另一种是控制信号。图像信号是从前端的摄像机流向控制中心。而控制信号则是从控制中心流向前端，通过设置在前端的解码器解码后再去控制摄像机和云台等受控对象。一般来说，传输部分单指的是传输图像信号。

1. 视频基带传输方式

视频基带传输方式是指从摄像机至控制台之间传输电视图像信号，这些信号完全是视频信号。其优点是：传输系统简单；在一定距离范围内，失真小；信噪比低；不必增加调制器、解调器等附加设备。缺点是：传输距离不能太远；一根电缆只能传送一路电视信号，等等。由于电视监控系统一般摄像机与控制台之间的距离都不是太远，所以是最常用的一种传输方式，如图 2-2-2 所示。

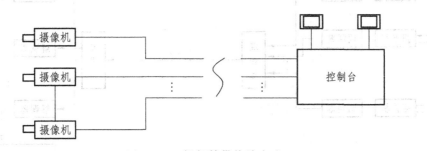

图 2-2-2　视频基带传输方式

2. 视频平衡传输方式

目前，解决远距离视频传输的一种比较好的办法是采用"视频平衡传输"方式。摄像机输出的视频信号经发射机转换为一正一负的差分信号，经双绞线传输至监控中心的接收机，再重新合成为标准的全电视信号送入控制台中的视频切换器等设备。这种传输方式不加中继器时，黑白电视信号最远可传输 2 000；彩色电视信号最远可传输 1 500 m，加中继器时最远可传输 20 km，如图 2-2-3 所示。

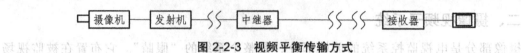

图 2-2-3 视频平衡传输方式

3. 远端切换方式

在视频传输方式下，如果在距离监控中心较远的某个同一方向相对集中较多台摄像机时，也可以采取"远端切换方式"。所谓"远端切换方式"，就是把原来在控制台上进行的切换（视频信号切换及控制信号切换）移到远端摄像机群附近的地方进行，可以大大减少传输线路的数量，如图 2-2-4 所示。

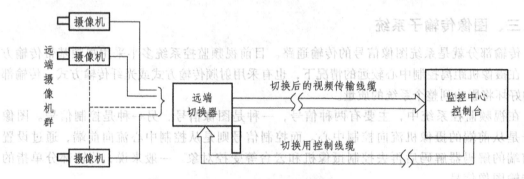

图 2-2-4 远端切换传输方式

4. 射频传输方式

在视频监控系统中，当传输距离很远又同时传送多路图像信号时，有时也采用射频传输方式，也就是将视频图像信号经调制器调制到某一射频频道上进行传送，如图 2-2-5 所示。

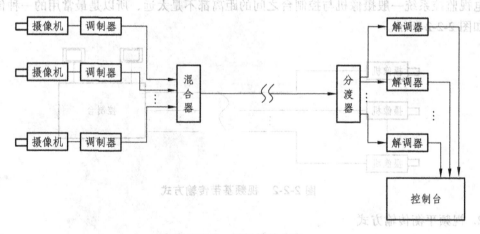

图 2-2-5 射频传输方式

优点是：传输距离远；传输过程中产生的微分增益和微分相位较小，因而失真小；一条传输线可以同时传送多路射频图像信号。

缺点是：需增加调制器、混合器、线路宽带放大器、解调器等传输部件，而这些传输部件会带来不同程度的信号失真，并且会产生交扰调制与相互调制等干扰信号。

2.3 常见视频监控设备介绍

【知识要点】

➢ 前端视频设备介绍；

➢ 后端控制设备介绍；

➢ 硬盘录像机介绍。

一、前端视频设备介绍

（一）摄像机的类型及特点

摄像机是拾取图像信号的设备，即被监视场所的画面是由摄像机将其光信号（画面）变为电信号（图像信号）。

1. 摄像机的分类

（1）摄像机有黑白、彩色之分，后来随着技术的日益成熟，慢慢有了彩色转黑白、红外一体机等。

（2）按摄像机外形来分有半球、普通枪机、一体机、球机、云台、烟感、针孔、飞碟等，球机有匀速球、高速球和智能高速球等。还有集成了网路协议的网络摄像机，如图 2-3-1 所示。

图 2-3-1 网络摄像机

（3）按镜头焦距方式分，有定焦和变焦之分。

➢ 定焦距镜头：这种镜头的焦距是不可变的，可变的只有光圈的大小。它适合于摄取焦距相对固定的目标。

➢ 自动光圈、电动变焦距镜头：是目前常用的一种镜头。由摄像机输出的电信号自动控制光圈的大小，所以适于光照度经常变化的场所。常用的电动变焦镜头有 6 倍、8 倍、10 倍几种。

➢ 自动光圈、自动聚焦、电动变焦镜头：这种镜头除具有自动光圈及电动变焦功能外，还有自动聚焦功能。也就是说，当通过云台和电动变焦改变摄取方向及目标时，可以自动聚焦。

2．光电转换器件

目前，无论是彩色摄像机还是黑白摄像机，其光电转换的器件均采用了ＣＣＤ器件，即"电耦合"器件。摄像机通过它的镜头把被监视场所的画面成像在ＣＣＤ片子（靶面）上。通过ＣＣＤ本身的电子扫描，把成像的光信号变为电信号，再通过放大、整形等一系列信号处理，最后变为标准的电视信号输出。

ＣＣＤ摄像机的特点是：体积小、灵敏度高、寿命长。理论上ＣＣＤ器件本身寿命相当长而不会老化。这也是它对比以前的摄像管式摄像机具有的最大优点。

3．一体化摄像机

一体化摄像机是将摄像机、镜头、云台等器件复合在一个透明的防护罩当中，成为一个产品，使得摄像机、镜头、云台的参数匹配，形成一个统一的系统，便于安装、调试和维护，同时还降低了成本。一体化摄像机如图2-3-2所示。

图2-3-2　常见的一体化摄像机

4．云台与防护罩

云台是承载摄像机进行水平和垂直两个方向转动的装置。云台内装两个电动机，一个负责水平方向的转动，另一个负责垂直方向的转动。水平转动的角度一般为350°，垂直转动则在±45°、±35°、±75°等。水平及垂直转动的角度大小可通过限位开关进行调整，如图2-3-3所示。

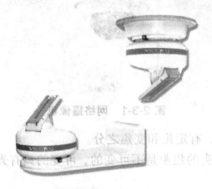

图2-3-3　云台外观

云台根据安装的位置不同，可分成室内云台和室外云台两种。室内云台承重小，没有防雨装置。室外云台承重大，有防雨装置。有些高档的室外云台除有防雨装置外，还有防冻加温装置。一般的云台均属于有线控制的电动云台。控制线的输入端有五个，其中一个为电源的公共端，另外四个分为上、下、左、右控制端。

在安装摄像机及防护罩时，应根据所选用的摄像机及防护罩的总重量来选用合适承重的云台。

防护罩是使摄像机在有灰尘、雨水、高低温等情况下正常使用的防护装置，如图 2-3-4 所示。室内用防护罩价格便宜，其主要功能是防止灰尘并有一定的安全防护作用，如防盗、防破坏等。室外防护罩一般为全天候防护罩，即无论刮风、下雨、下雪、高温、低温等恶劣情况，都能使安装在所护罩内的摄像机正常工作。为了在雨雪天气仍能使摄像机正常摄取图像，可在全天候防护罩上安装可控制的雨刷。

图 2-3-4 带防护罩的摄像机

二、后端控制设备介绍

（一）视频切换器

视频切换器是选择视频图像信号的设备。如果将几路视频信号加在它的输入端，通过对它的控制，可以选择任何一路视频信号输出，而其他信号则不输出，是组成控制中心中主控制台上的一个关键设备。如用一台监视器轮流显示四台摄像机的图像信号，就可以选用"四选一"的视频切换器。目前所使用的视频切换器，一般都做成矩阵切换形式以及积木式。可根据系统中摄像机与监视器的比例，来选用视频切换器的输入输出路数及任意组成切换比例。其性能指标主要有：

（1）切换比例：指切换器的输入路数及切换后输出的路数。如果是矩阵形式的视频切换器，可通过编码任意选择切换比例。如果切换比例是固定的，一般常用的有"四选一"、"八选一"等，如图 2-3-5 所示。

图 2-3-5 4 路视频切换器

（2）隔离度：是衡量多路视频信号输入切换器上时，各路视频信号之间以及它们与切换后输出的信号之间隔离的程度。一般用分贝（dB）表示，越高越好。目前可做到 80 dB 以上。

（3）微分增益 DG、微分相位 DP：微分增益是指被切换后输出的视频信号与切换前的信号在幅度上的失真程度。此指标值越小失真越小。微分相位是指被切换后输出的视频信号与切换前的信号在相位上的失真。一般要求 $DG \leqslant 8\%$，$DP \leqslant 8°$。

（4）输入电平与输出电平：一些视频切换器还给出输入电平（或输入电压）和输出电平（或输出电压）的技术指标。输入电平是指视频切换器输入端对输入视频信号电压幅度的要求。

（二）视频分配放大器

视频分配放大器的功能和作用有两个：一是对视频信号进行分配（即将同一个视频信号分成几路）；二是对视频信号进行放大，如图 2-3-6 所示。

图 2-3-6　视频分配放大器

在实际中是先放大后分配。这里的放大概念虽然通常是指在电压幅度上及功率上均进行放大，一般说来，主要用于分配目的的视频分配放大器，应侧重于功率放大，而对于远距离视频基带传输时视频信号的发送端所用的视频分配放大器，则应侧重于电压幅度的放大。

（三）主控台与副控台

1. 主控制台

主控制台是电视监控系统的核心设备，对系统内各设备的控制均是从这里发出和控制的。控制台本身是由各种具体设备组合而成的，主要有：视频分配放大器、视频切换器、控制键盘、时间地址符合发生器、录像机、电源等，如图 2-3-7 所示。由于实质上主控制台是多种设备的组合，而这种组合又是根据系统的功能要求来设定的，所以主控制台虽然在总体上功能是相似的，但具体上又有很大的差别。

图 2-3-7　监控系统总控制台

2. 副控制台

副控制台实际上是一个操作键盘，具有与总控制台上的操作键盘完全相同的功能，如图 2-3-8 所示。通过副控制台也可以对整个系统进行各种控制和操作。副控制台的设置，一般是为了在除总控制台所在的监控中心之外，还需要设置多个监控分点时而使用的。副控制台与总控制台一般都采用总线方式连接。各副控制台与总控制台之间还可设定优先控制权等。

图 2-3-8　带视频显示的副控制台

3. 控制台的配置原则

在配置主控制台各种监控设备时，应充分考虑以下几个原则：

（1）根据系统中摄像机的台数，选择视频切换器的最大输入路数。视频切换器最大输入路数一般应大于摄像机的台数，以便为今后扩展时留有余地。

（2）根据系统所防范区域的风险等级及区域中要害地点的数目选择录像机的台数。需要连续录像的情况下，应选择"长延时录像机"。

（3）当整个系统中摄像机的台数很多时，可考虑选用"多画面分割器"。"多画面分割器"有四分割、九分割、十六分割等。

（4）根据系统控制的要求，考虑在总控制台之外是否设分控制台。

（5）根据整个系统供电的要求，考虑电源的设定。

（6）当系统有多路远距离信号传输时，应根据远距离信号传送的方式，考虑在控制台中增设解调装置、补偿装置、还原装置以及远端切换控制装置等。

（7）时间及地址符合发生器的设置。时间是可以随时设定的，而地址则是根据系统的要求，事先固化在集成块中的。如果选用时间及地址符号发生器的话，应由供应厂商事先固化地址。

（四）终端解码箱

终端解码箱安装在摄像机（及云台）附近，它的功能是把由总控制台发出的控制命令的编码信号，解码还原为对摄像机和云台的具体控制信号。它可以控制的内容有：摄像机的开机、关机；摄像机镜头的光圈大小、变焦、聚焦；云台的水平与垂直方向的转动；防护罩加温、降温以及雨刷动作等。

（五）画面分割器

在有多个摄像机的电视监控系统中，为了节省监视器以及为监控人员提供全视野画面，往往采用多画面分割器使多路图像同时显示在一台监视器上。既减少了监视器的数量，又能使监控人员一目了然地监视各个部位的情况。常用的画面分割器有四画面、九画面和十六画面，如图 2-3-9 所示。

图 2-3-9　画面分割器

画面分割器的基本工作原理是采用图像压缩和数字化处理的方法，把几个画面按同样的比例压缩在一个监视器的屏幕上。画面分割器有的还带有内置顺序切换器的功能，可将各摄像机输入的全屏画面按顺序轮流在监视器上显示，并可用录像机按顺序和时间间隔记录下来。其间隔时间一般是可调的。录像机记录下来的各画面都是不经过压缩的全屏画面，所以在画面重放时，更加清晰。

三、硬盘录像机介绍

硬盘录像机的原理是将视频信号送入计算机中，通过计算机内的视频采集卡，完成 A/D 转换，并按照一定的格式进行存储，有单路和多路硬盘录像机，按照工作方式，有嵌入式和独立系统两种。

1. 独立系统的硬盘录像机

在监控系统中，有时需要使用独立系统的硬盘录像机，如图 2-3-10 所示。主要的技术指标：同时录制的路数、每秒录制的帧数、每帧的分辨率、最长的录制时间等。

图 2-3-10　独立系统硬盘录像机

2. 嵌入式硬盘录像机

将视频卡嵌入一台计算机中，利用计算机的硬盘存储视频监控数据。视频采集卡如图 2-3-11 所示。按接入摄像机的数量不同，可分为 4 路、8 路、16 路、24 路等。

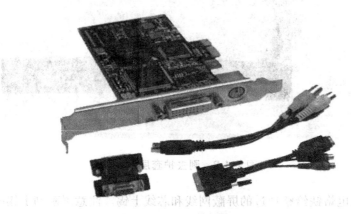

图 2-3-11　四路视频采集卡

2.4　视频采集卡软硬件安装与调试

【知识要点】

➢ 视频线缆与 BNC 头连接；

➢ 视频采集卡的性能参数；

➢ 基于视频采集卡监控系统软硬件的安装。

一、视频线缆与 BNC 头连接

1. 认识同轴线缆

视频同轴电缆的外观，如图 2-4-1 所示。命名为：SYV 75-5-2，其含义为，S——射频；Y——聚乙烯绝缘；V——聚氯乙烯护套；75——75 欧姆；5——线径为 5 mm；2——芯线为多芯。

图 2-4-1　视频同轴电缆

2. BNC 头连接

视频线缆与 BNC 头的连接步骤如下：

步骤一：用美工刀剥开线缆外护套，将屏蔽网在线缆一侧理顺，可割断另一侧部分屏蔽网，但注意不能割伤绝缘层，不能有毛刺。绝缘层高出外护套约 3 mm，如图 2-4-2 所示。

图 2-4-2　剥去护套层

步骤二：用尖头电烙铁给整理过的屏蔽网线和芯线上锡。注意屏蔽网上锡时不能太厚，如太厚可能造成 BNC 头的丝帽拧不上。可适当减少屏蔽网的根数和将屏蔽网焊扁，如图 2-4-3 所示。

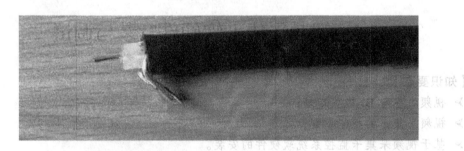

图 2-4-3　屏蔽层和线芯上锡

步骤三：用电烙铁给 BNC 头上锡，一定要足够的锡以保证焊接强度，如图 2-4-4 所示。

图 2-4-4　BNC 头连接部分上锡

步骤四：先将线缆剥去护套层的一端穿过 BNC 头的后盖，再将上过锡的线缆与上过锡的 BNC 头直接焊接，整理毛刺后，旋紧后盖即可，如图 2-4-5 所示。

图 2-4-5 线缆与 BNC 头焊接

二、视频采集卡的特点及性能参数

1. 视频采集卡的特点

DVR 系列视频采集卡是采用 Conexant、Philips、Techwell 等公司图像处理芯片自主研发的高性能 PC DVR（PC 式数字硬盘录像机）专用视频卡，如图 2-4-6 所示。所装配的 DVR 主机适用于银行、小区、市场、道路及家庭等各种监控场所。主要特点包括：

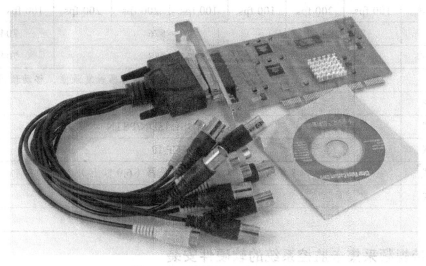

图 2-4-6 线缆与 BNC 头焊接

（1）低 CPU 占用率、多路高清晰实时录像和多通道同时回放。

（2）每路视频信号均采用高性能压缩算法，最低单路 100 M 每小时占用硬盘空间， 有效延长录像周期。

（3）预览和录像最高可达到高清 D1（704×576）25 帧实时效果，图像更细腻真实。

（4）国内领先的图像智能化功能，包括智能亮度、智能检索、智能移动侦测、智能图像识别等。

（5）集成动态域名功能并使用单一端口通信，Internet 远程监控轻易上手。

（6）完美兼容 intel、AMD、nforce、VIA 主板及各种显卡。

（7）7×24 小时硬件工作设计，运行稳定、持久。

2. 常用的性能参数

某公司各型号视频采集卡的性能参数如表 2-4-1 所示。

表 2-4-1 视频采集卡性能参数

参 数	7200 系列		8000 系列				9000 系列	
	7204	7208	8004	AV4000	8008	AV8000	9004	9008
视频输入	4 路	8 路	4 路	4 路	8 路	8 路	4 路	8 路
音频输入	无	无	无	4 路	无	8 路	4 路	8 路
TV 输出	无	无	无	无	无	无	有	有
尺寸/mm	138×79	150×78	180×98	180×99	180×102	190×102	190×105	190×105
质量/g	70	85	125	145	155	185	145	165
功耗/W	3.5	6	4.5	4.5	8	8	4.5	8
插槽类型	PCI		PCI				PCI-E	
视频制式	NTSC/PAL		NTSC/PAL				NTSC/PAL	
压缩算法	MPEG4		H.264				H.264	
总资源帧率	100 fps	200 fps	100 fps	100 fps	200 fps	200 fps	100 fps	200 fps
预览分辨率	704×288		704×576				704×576	
录像分辨率	352×288		352×288				704×576	
录像方式	手动录像、计划录像、移动侦测录像、传感器触发录像、移动预录像							
操作系统	Windows 2000/XP/Vista							
网传方式	LAN/ADSL/ISDN/PSTN							
网传协议	TCP/IP							
连接方式	客户端程序/IE 浏览器（6.0 以上）							
报警连接	外置报警盒 RS232/485							
云镜控制	外置解码器 RS232/485							

三、带视频采集卡监控系统的软硬件安装

1. 计算机硬件配置

计算机硬件配置如表 2-4-2 所示。

表 2-4-2 计算机硬件配置表

主　板	Intel 865/945/965/G31/G33/P35 系列、Nvidia nforce6 系列 9000 和 9100 卡需使用带 PCI-E 插槽主板
CPU	PCI 卡：Pentium/Celeron 2.4G、Core 1.6 G 以上 PCI-E 卡：根据通道数量决定，最低 Pentium E2140
显　卡	ATI9550、GeForce5200、Intel GMA950 以上
内　存	512 M 以上
硬　盘	IDE/SATA 160G（根据所需录像时间增加）
电　源	ATX 400 W 以上

2. 视频采集卡配件及接线图

某品牌视频采集卡的配件及接线方法，如图 2-4-7 所示。

配　件		规　格	
八视频线	1×	视频输入(BNC)	8×
软件光盘	1×	总资源	PAL 200 帧/NTSC 240 帧
使用手册	1×		

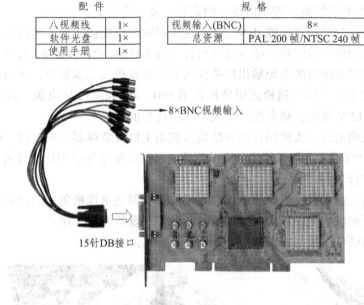

→ 8×BNC视频输入

15针DB接口

图 2-4-7　视频采集卡配件及接线示意图

3. 带视频采集卡监控系统的硬件安装

视频监控设备的安装看起来很简单，通常只要正确安装镜头、连通信号电缆，接通电源即可工作。但在实际使用中，如果不能正确地安装镜头并调整摄像机及镜头的状态，则可能达不到预期使用效果。其主要步骤如下：

步骤一：拿出支架，准备好工具和零件：涨塞、螺丝、改锥、小锤、电钻等必要工具；按事先确定的安装位置，检查好涨塞和自攻螺丝的大小型号，试一试支架螺丝和摄像机底座的螺口是否合适，预埋的管线接口是否处理好，测试电缆是否畅通，就绪后进入安装程序。

步骤二：拿出摄像机和镜头，按照事先确定的摄像机镜头型号和规格，仔细装上镜头（红外摄像机和一体式摄像机不需安装镜头），注意不要用手碰镜头和 CCD（图中标注部分），确认固定牢固后，接通电源，连通主机或现场使用监视器、小型电视机等调整好光圈焦距。

步骤三：拿出支架、涨塞、螺丝、改锥、小锤、电钻等工具，按照事先确定的位置，装好支架。检查牢固后，将视频监控设备按照约定的方向装上。

提示：确定安装支架前，最好先在安装的位置通电测试一下，以便得到更合理的监视效果。

步骤四：如果在室外或室内灰尘较多，需要安装摄像机护罩，在第二步后，直接从这里开始安装护罩。安装方法如下：

① 打开护罩上盖板和后挡板；

② 抽出固定金属片，将摄像机固定好；

③ 将电源适配器装入护罩内；

④ 复位上盖板和后挡板，理顺电缆，固定好，装到支架上。

步骤五：把焊接好的视频电缆 BNC 插头插入视频电缆的插座内（用插头的两个缺口对准摄像机视频插座的两个固定柱，插入后顺时针旋转即可），确认固定牢固、接触良好。

步骤六：将电源适配器的电源输出插头插入监控摄像机的电源插口，并确认牢固度（注意摄像机的电源要求：一般普通枪式摄像机使用 500～800 mA 12 V 电源，红外摄像机使用 1 000～2 000 mA 12 V 电源，请参照产品说明选用适合的产品）。

步骤七：把电缆的另一头按同样的方法接入控制主机或监视器（电视机）的视频输入端口，确保牢固、接触良好。（如果使用画面分割器、视频分配器等后端控制设备，请参照具体产品的接线方式进行。）

步骤八：接通监控主机和摄像机电源，通过监视器调整摄像机角度到预定范围，并调整摄像机镜头的焦距和清晰度，进入录像设备和其他控制设备调整工序。

视频采集卡的硬件安装与线缆连接，如图 2-4-8 所示。

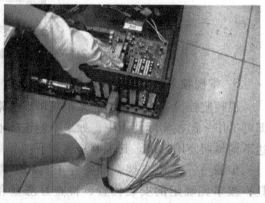

（a）将视频卡插入主板 PCI 插槽　　　　　（b）音视频线的安装

注意：防静电，确保板卡金手指完全插入　　注意：用一只手固定在板卡，另外一只手把音视频线完
　　然后用螺丝把挡条固定在机箱上　　　　　全插入板卡的 DB 头，并且把两颗螺丝都旋紧

图 2-4-8　视频采集卡硬件安装与连接

4. 视频采集卡的软件安装

（1）安装要求。

安装前请确认已安装好 Windows XP 操作系统（Windows 2000 及以上），并保证硬盘最少有三个分区（录像磁盘从 E 开始）并且为 NTFS 文件系统（数据库要求），显示设置为 1 024×768 分辨率、32 位真彩色，系统已安装 Driectx 9.0 以上。

（2）驱动程序安装。

将视频卡附带的软件光盘插入光驱，让其自动运行弹出安装界面（或打开光盘根目录运行 Setup.exe 程序），如图 2-4-9 所示。

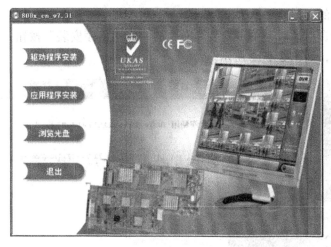

图 2-4-9 视频采集卡软件安装界面

单击"驱动程序安装"按钮（确保视频卡已插好），在弹出的驱动安装程序中再单击"安装"按钮，如图 2-4-10 所示。

安装完成后，需要重启计算机。

图 2-4-10 安装驱动程序

提示：每张视频采集卡会安装多个驱动，每路音频和视频均会对应一个驱动，安装完成后可在"设备管理器"中确认一下硬件数量及驱动程序名称是否正确，如图 2-4-11 所示。

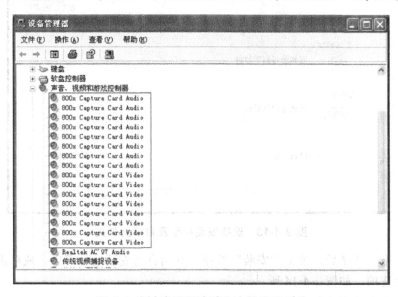

图 2-4-11 确认驱动程序安装是否成功

（3）应用程序的安装。

步骤一：光盘自启动后，单击安装界面中的"应用程序安装"按钮，弹出安装界面，点击"下一步"按钮，如图 2-4-12 所示。

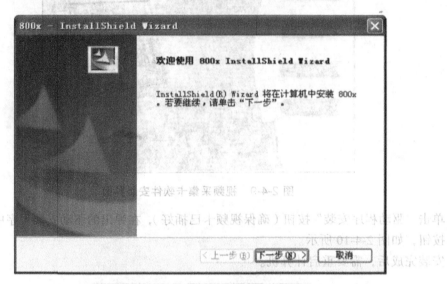

图 2-4-12　视频采集卡应用程序安装向导

步骤二：出现"安装类型"提示框时，注意选择"服务器端（安装视频卡的计算机）"和"客户端（需网上远程观看的计算机）"，一般先安装服务器端，再安装客户端。单击"浏览"按钮可指定安装位置，最后单击"下一步"按钮，如图 2-4-13 所示。

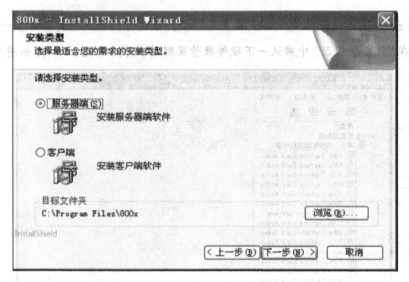

图 2-4-13　选择安装类型及目标文件夹

步骤三：准备就绪后，单击"安装"按钮，开始自动安装应用程序，或单击"上一步"返回修改安装选项，如图 2-4-14 所示。

步骤四：单击"完成"按钮，结束应用程序安装任务，如图 2-4-15 所示。

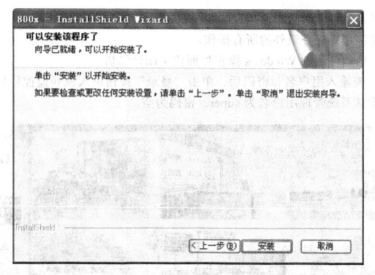

图 2-4-14　单击"安装"按钮开始安装程序

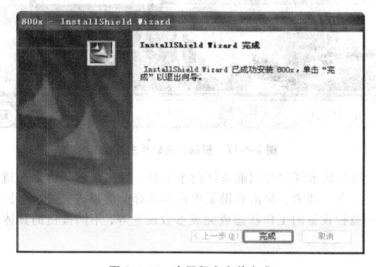

图 2-4-15　应用程序安装完成

（4）应用程序使用方法。

步骤一：双击桌面上"视频监控系统"程序的快捷图标，进入用户验证窗口，如图 2-4-16 所示。

图 2-4-16　用户验证窗口

登录——登录软件并激活当前用户的功能权限。

锁定——锁定用户除登录外的所有操作。

退出——退出软件回到 Windows 操作界面或关闭计算机。

步骤二：正确输入用户名和密码后，单击"登录"按钮进入视频监控软件主界面，如图 2-4-17 所示。默认系统管理用户名为 super，密码为空。

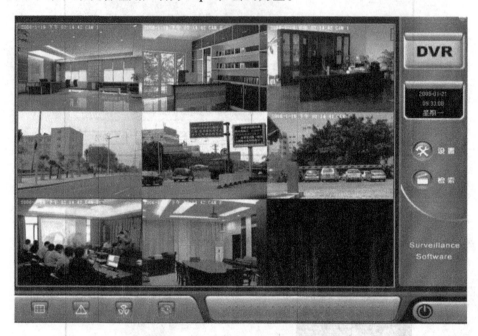

图 2-4-17　视频监控软件主界面

主界面分为视频显示区和控制面板区两个部分。视频显示区为多通道分割显示，双击鼠标左键可放大某一通道，单击右键菜单内可选择全屏模式。控制面板区主要是通过各种按钮来控制监控设备的工作状态或完成参数设置等，不同按钮的具体功能请参考使用说明书。

2.5　硬盘录像机软硬件安装与调试

【知识要点】

➢ 硬盘录像机硬件安装与连接；

➢ 硬盘录像机软件的操作方法。

一、硬盘录像机硬件的安装与连接

1．硬盘的安装

将硬盘安装在录像机中，可分成八大步骤，如图 2-5-1 所示。

（a）拆卸主机上盖的固定螺钉

（b）取下录像机上盖

（c）固定硬盘上四个螺钉

（d）把硬盘放置在底板的4个孔

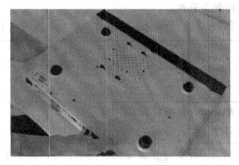

（e）翻转底板，将螺丝移进卡口

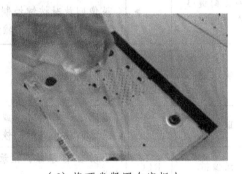

（f）将硬盘紧固在底板上

（g）插上硬盘数据线和电源线

（h）合上机箱盖，固定螺丝

图 2-5-1　硬盘安装步骤

2. 硬盘录像机前面板介绍

某品牌 LE-A 系列硬盘录像机前面板，如图 2-5-2 所示。各键功能如表 2-5-1 所示。

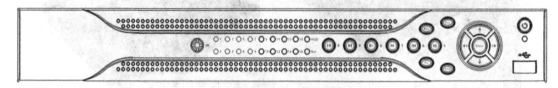

图 2-5-2　硬盘录像机前面板

表 2-5-1　硬盘录像机前面板按键功能表

键 名	标 识	功 能
电源开关	⏻	按此键将执行开机、关机操作
USB	🔌	外接鼠标、硬盘等
上方向键/1 下方向键/4	▲ ▼	对当前激活的控件切换，可向上或向下移动跳跃； 更改设置，增减数字； 辅助功能（如对云台菜单进行控制切换）； 在文本框输入时，输入数字 1 或数字 4（英文字母 GHI）
右方向键/3 左方向键/2	◀ ▶	对当前激活的控件切换，可向左或向右移动跳跃； 录像回放时按键控制回放控制条进度； 在文本框输入时，输入数字 2（英文字母 ABC）或数字 3（英文字母 DEF）
确认键	Enter	操作确认； 跳到默认按钮； 进入菜单
取消键	ESC	退到上一级菜单，或功能菜单键时取消操作； 录像回放状态时，恢复到实时监控状态
录像键	REC	手动启/停录像，在录像控制菜单中，与方向键配合使用，选择所要录像的通道
功能切换键	Shift	在用户输入状态下，可完成数字键、字符键和其他功能键的切换
播放/暂停键/5	▶ ❚❚	录像文件回放时，播放/暂停键； 在文本框输入时，输入数字 5（英文字母 JKL）
辅助功能键	Fn	单画面监控状态时，按键显示辅助功能：云台控制 和 图像颜色； 动态检测区域设置时，按 Fn 键与方向键配合完成设置； 清空功能：长按 Fn 键（1.5 秒）清空编辑框所有内容； 文本框被选中时，连续按该键，在数字、英文大小写、中文输入（可扩展）之间切换； 各个菜单页面提示的特殊配合功能
倒放/暂停键/6	❚❚ ◀	录像文件回放时，倒放录像文件； 在文本框输入时，输入数字 6（英文字母 MNO）

续表 2-5-1

键　名	标　识	功　　　能
快进键/7	▶▶	录像文件回放时，多种快进速度及正常回放； 在文本框输入时，输入数字 7（英文字母 PQRS）
慢放键/8	❙▶	录像文件回放时，多种慢放速度及正常回放； 在文本框输入时，输入数字 8（英文字母 TUV）
播放下一段键/9	▶❙	录像文件回放时，播放当前播放录像的下一段录像； 在文本框输入时，输入数字 9（英文字母 WXYZ）
播放上一段键/0	❙◀	录像文件回放时，播放当前回放录像的上一段录像； 在文本框输入时，输入数字 0
硬盘异常 指示灯	HDD	硬盘出现异常或硬盘剩余空间低于某个值时提示报警，红灯表示报警
网络殿堂 指示灯	Net	网络出现异常或未接入网络时提示报警，红灯表示报警
录像指示灯	1-16	显示硬盘是否处于录像状态，灯亮表示录像
遥控器 接收窗	IR	用于接收遥控器的信号
报警指示灯	Alarm	显示是否有外部报警输入，灯亮表示有外部报警，灯灭表示外部报警停止

3. 硬盘录像机后面板介绍

某品牌 8 路硬盘录像机的后面板，如图 2-5-3 所示。

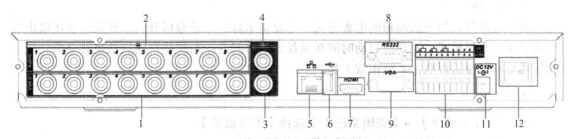

图 2-5-3　硬盘录像机后面板示意图

1—视频输入；2—音频输入；3—视频 CVBS 输出；4—音频输出；5—网络接口；6—USB 接口；
7—HDMI 接口；8—RS-232 接口；9—视频 VGA 输出；
10—报警输入、报警输出、RS-485 接口；
11—电源输入孔；12—电源开关

以太网口的连接请注意：当与电脑的网卡接口直接连接时，使用反线；当通过集线器或交换机与电脑连接时，使用正线。

4. 硬盘录像机硬件连接图

某品牌 4 路硬盘录像机与其他监控设备的连接关系，如图 2-5-4 所示。

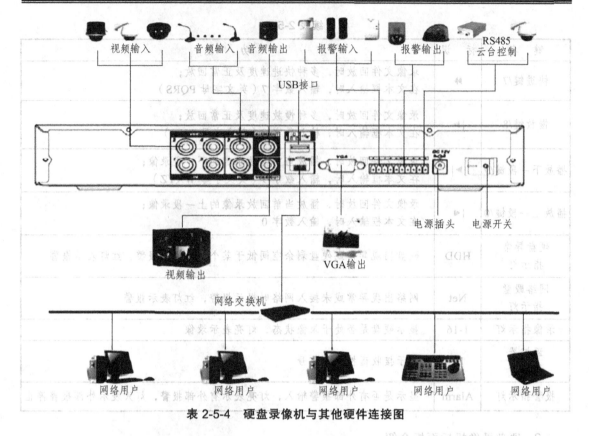

表 2-5-4　硬盘录像机与其他硬件连接图

二、硬件录像机的操作方法

1. 开　机

插上电源线，按下后面板的电源开关，电源指示灯亮，录像机开机，开机后视频输出默认为多画面输出模式，若开机启动时间在录像设定时间内，系统将自动启动定时录像功能，相应通道录像指示灯亮，系统正常工作。

2. 关　机

A. 进入【主菜单】→【关闭系统】中选择【关闭机器】。

B. 关机时，按下后面板的电源开关即可关闭电源。

提示：若要更换硬盘，须先切断外部电源，再打开机箱。

3. 断电恢复

当录像机处于录像工作状态下，若系统电源被切断或被强行关机，重新来电后，录像机将自动保存断电前的录像，并且自动恢复到断电前的工作状态继续工作。

4. 进入系统菜单

正常开机后，单击鼠标左键或按遥控器上的确认键（Enter），弹出登录对话框，用户在输入框中输入用户名和密码。说明：出厂时有 4 个用户名：admin、888888、666666 及隐藏的 default，前三个出厂密码与用户名相同。admin、888888 出厂时默认属于高权限用户，而

666666 出厂默认属于低权限用户，仅有监视、回放等权限。

密码安全性措施：每 30 分钟内试密码错误 3 次报警，5 次账号锁定。

提示： 为安全起见，请用户及时更改出厂默认密码。关于输入法：除硬盘录像机前面板及遥控器可配合输入操作外，可按按钮进行数字、符号、英文大小写、中文（可扩展）切换，并直接在软面板上用鼠标选取相关值。

5. 画面预览

设备正常登录后，直接进入预览画面。在每个预览画面上有叠加的日期、时间、通道名称，屏幕下方有一行表示每个通道的录像及报警状态图标，如表 2-5-2 所示。

表 2-5-2　状态图标功能

1		监控通道录像时,通道画面上显示此标志	3		通道发生视频丢失时,通道画面显示此标志
2		通道发生动态检测时,通道上画面显示此标志	4		该通道处于监视锁定状态时,通道画面上显示此标志

6. 录像通道及时间设置

硬盘录像机在第一次启动后的默认录像模式是 24 小时连续录像。进入菜单，可进行录像时间和模式设置，即使录像机在定时的时间段内录像。详细设置在【菜单】/【系统设置】/【录像设置】，如图 2-5-5 所示。

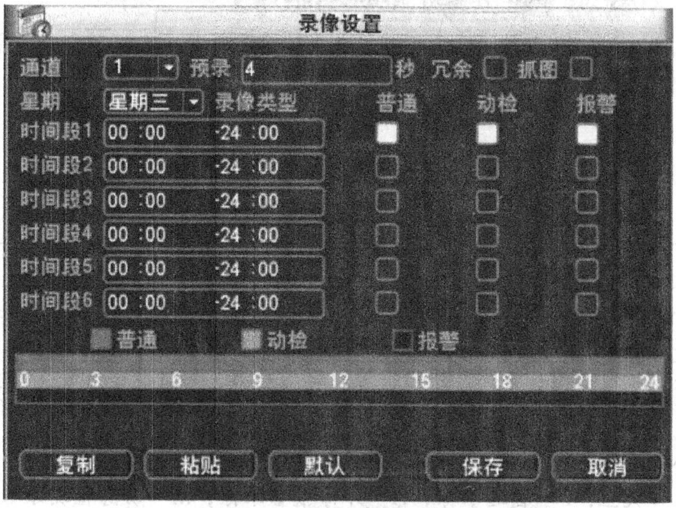

图 2-5-5　录像设置界面

通道：选择相应的通道号进行通道设置。若统一对所有通道设置时，可选【全】。

星期：设置普通录像的时间段，在设置的时间范围内启动录像。可选星期一至星期日任意一天进行设置，每天有六个时间段供设置，若统一设置请选择【全】。

预录：可录动作状态发生前 1~30 s 录像（时间视码流大小状态）。

抓图：开启定时抓图。统一设置请选择【全】。

时间段：显示当前通道在该时间段内的录像状态，所有通道设置完成后请按【保存】键确认。

提示：颜色条表示改时间段对应的录像类型是否有效：绿色为普通录像有效，黄色为动态监视录像有效，红色为报警录像有效。

7. 录像查询与回放

单击图 2-5-6 中的【查询】按钮或【回放】控制条，即可进入录像查询或回放状态。具体操作如表 2-5-3 所示。

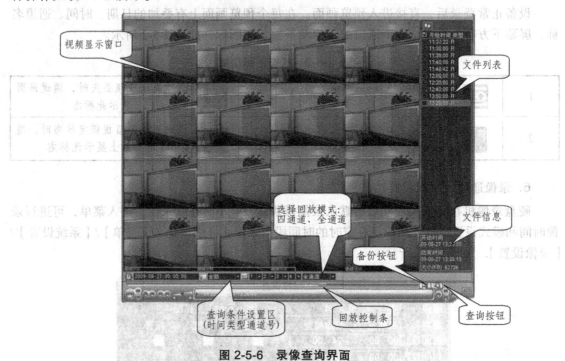

视频显示窗口　文件列表　选择回放模式：四通道、全通道　文件信息　备份按钮　查询条件设置区（时间类型通道号）　回放控制条　查询按钮

图 2-5-6　录像查询界面

表 2-5-3　录像机主界面按键功能

录像查询	说　明
进入录像查询界面	单击右键选择 录像查询 或从主菜单选择 录像查询 进入录像查询菜单 提示：若当前处于注销状态，须输入密码
回放操作	根据录像类型：全部、外部报警、动态检测、全部报警录像，通道、时间等进行多个条件查询录像文件，结果以列表形式显示，屏幕上列表显示查询时间后的 128 条录像文件，可按 ▲/▼ 键上下查看录像文件或鼠标拖动滑钮查看。选中所需录像文件，按【ENTER】键或双击鼠标左键，开始播放该录像文件 文件类型：F—普通录像；A—外部报警录像；M—动态检测录像
回放模式	回放模式；四通道、全通道 2 种可选。选择"四通道"模式时，用户可根据需要进行 1～4 路回放；选择"全通道"模式时，根据实际设备路数进行回放，即 0804LEA 进行 8 路回放、1604LEA 进行 16 路回放。注：0404LEA、0404LEAS 没有"全通道"回放模式
精确回放	在时间一栏输入时、分、秒，直接按【播放】键，可对查询的时间进行精确回放
回放操作区	回放录像（屏幕显示通道、日期、时间、播放速度、播放进度）对录像文件播放操作，如控制速度、循环播放（对符合条件查找到的录像文件进行自动循环播放）、全屏显示等

2.6 视频监控系统故障处理与维护

【知识要点】

➢ 视频监控系统常见故障处理；

➢ 视频监控系统维护与保养；

➢ 视频监控系统日常操作与安全。

一、视频监控系统简单故障处理

视频监控系统常见的故障现象、原因及处理方法，如表 2-6-1 所示。

表 2-6-1 视频监控系统常见故障分析与处理

序号	常见的故障现象	故障原因分析	处理方法
1	客户端显示无视频信号	1. 摄像机故障	1. 使用万用表和螺丝刀、钳子等辅助工具。 2. 更换时将摄像机电源断电。 3. 摄像机的后接的各种线缆对比原摄像机的接法。 4. 室外摄像机更换完后需调整限位开关，对接口处抹玻璃胶进行防水
		2. 视频线（BNC 头）焊接故障	1. 检查 BNC 头内的焊接制作情况。 2. 视频线芯屏蔽层不能接触，各自应焊接
		3. 摄像机电源故障	更换摄像机电源：如电源输出不标准，则更换电源。更换完后，先检查电源输出，正常后再在断电的情况下接入摄像机。 1. 使用万用表和斜口钳、电工胶布和防水胶布。 2. 检查摄像机电源输出是否标准输出（12 VDC 和 24 VAC）
		4. 视频分配器故障	点对点网络中，视频信号经中心还原后进入视频分配器的情况下，视频分配器坏或者 BNC 头坏，均会造成该故障，更换视频分配器或者重做 BNC 头
		5. 视频线（头）接触故障	1. 使用电烙铁和万用表。检查视频线的好坏（包括箱体内和箱体外），箱体外部分估计在 PVC 管和支架内。 2. 若视频线完好，则检查视频头，即 BNC（Q9）头
2	云台不能转动	1. 解码板或解码器坏	更换解码板或解码器： 1. 使用万用表和螺丝刀等辅助工具。 2. 更换时应先断开箱体电源。 3. 更换完后应调整限位开关，以确保摄像机转动角度在用户关心范围内
		2. 485 通信线路或控制线路故障	检查线路： 1. 使用万用表。 2. 云台内置解码板的情况检查从 485 转换器至解码板的线路通断。 3. 外置解码器的情况，检查从解码器到云台的控制线路和解码器到 485 转换器的通信线路

续表 2-6-1

序号	常见的故障现象	故障原因分析		处理方法
2	云台不能转动		3. 板串口故障	更换视频服务器： 1. 将新视频服务器按照该点位的设置进行设置。 2. 断电后将新视频服务器装入箱体，面板上的各种线缆按照原视频服务器的接法照接
			4. 云台故障	更换云台： 1. 万用表和螺丝刀等辅助工具。 2. 更换时应先断开箱体电源。 3. 更换完后应调整限位开关，以确保摄像机转动角度在用户关心范围内
			5. 地址码故障	1. 解码板（解码器）上的地址码设置应根据该云台所在视频服务器的路数顺序进行设置。 2. 如地址码设置正确，也可重新设置一次，再为云台断电一次。 3. 使用极小螺丝刀，地址码设置规律为二进制
3	摄像机不能控制变倍		1. 摄像机故障	更换摄像机： 1. 万用表和螺丝刀等辅助工具。 2. 更换时应先断开箱体电源
			2. 地址码故障	1. 解码板（解码器）上的地址码设置应根据该摄像机所在视频服务器的路数顺序进行设置。 2. 如地址码设置正确，也可重新设置一次，再为云台断电一次。 3. 使用极小螺丝刀，地址码设置规律为二进制
			3. 嵌入式服务器设置错误	首先检查 485 接线是否正确，然后查看解码器设置是否正确
4	客户端不能观看实时图像（不能 PING 通）		1. 视频服务器硬件故障	更换视频服务器： 1. 将新视频服务器按照该点位的设置进行设置。 2. 断电后将新视频服务器装入箱体，面板上的各种线缆按照原视频服务器的接法照接
			2. 视频服务器死机	按视频服务器前面板的复位键重启服务器
			3. 网络硬件连接故障	1. 需用网线压线钳、通断仪等。 2. 使视频服务器网口信号灯正常。 3. 重新插拔网线或重新制作网线
			4. 网络硬件故障	更换 ADSL MODEM 或光电转换器
			5. 本地网络故障	通知本地网络维护人员
5	客户端不能观看实时图像（能 PING 通）		1. IP 地址被占用	接入固定 IP，联系片区技术支撑，故障升级
			2. 前端服务器未正确配置	进行远程登录，手动配置视频服务器
6	客户端图像不连续，出现马赛克状		1. 图像帧数设置过高	可适当调整传送帧数以及 I 帧数，以减缓网络流量
			2. 电信机房作了网速限制	联系机房，提高网速

续表 2-6-1

序号	常见的故障现象	故障原因分析	处理方法
6	客户端图像不连续，出现马赛克状	3. ADSL 方式下，网络带宽、传输质量相对于其他方式来说较差，在网络流量大的时候，图像质量就差	远程重启前端服务器，大部分情况下重启后会改善图像质量
		4. 客户主控电脑 24 小时长时间使用，系统状况不良	1. 重启主控电脑。 2. 关闭主控电脑，等待半小时再开机
		5. 前端通信线路质量差	按本地电信流程更换线路
7	客户端画面颜色不正常	1. 网络图像参数设置不正确	重新配置前端图像参数，设定最佳值，然后远程重启视频服务器
		2. 摄像机故障	更换摄像机
		3. 主控电脑故障	1. 显卡故障：更换显卡、重新插拔显卡、重装显卡驱动。 2. 显示器故障：按显示器面板上的控制键为显示器消磁；维修或更换显示器
8	云台转动范围不在客户要求范围内	云台限位不合理	调整云台限位开关，根据监测需要调整到合适位置
9	不能调看历史图像	存储设置错误	重新对存储策略进行设置
10	云台或摄像机控制不正常	1. 解码器连接摄像机和云台的控制线路连接错误	重新调整连接解码器上的控制线路
		2. 设备损坏	更换损坏设备（摄像机、云台或解码器）
		3. 设备故障	重新启动设备（摄像机、云台或解码器）

二、视频监控系统维护与保养

视频监控系统及摄像头的维护是一个具有经常性、细致的工作。视频监控系统维护是保证视频监控录像机及摄像头长久正常工作的重要手段，必须有计划、有准备和有组织地进行。

（一）维护前的准备

对监控系统进行正常的设备维护所需的基本维护条件，即做到"四齐"，即备件齐、配件齐、工具齐、仪器齐。

1. 备件齐

每一个系统都必须有相应的备件，主要储备一些比较重要、损坏后不易马上修复的设备，如摄像机、镜头、监视器等。设备出现问题必须及时维修、更换，因此，必须储备一定数量的备件，而且备件库的库存件必须根据设备能否维修和设备的运行特点不断进行更新。

2. 配件齐

配件主要是设备中各种分立元件和模块的额外配置，主要用于设备的维修。常用的配件主要有电路所需要的各种集成电路芯片和各种电路分立元件。较大的设备就必须配置一定的功能模块以备急用。这样，就能用小的投入产生良好的效益，节约大量更新设备的经费。

3. 工具和检测仪器齐

要做到勤修设备，须配置常用的维修工具及检修仪器，如各种钳子、螺丝刀、测电笔、电烙铁、胶布、万用表、示波器等，再根据工器具管理要求添置，必要时还应自己制作如模拟负载等作为测试工具。

（二）现场维护要求

在对监控系统设备进行维护过程中，应加以防范，尽可能使设备的运行正常，主要需做好防潮、防尘、防腐、防雷、防干扰的工作。

1. 防潮、防尘、防腐

对于监控系统的各种采集设备来说，设备置于有灰尘的环境中，对设备的运行会产生直接的影响，需要重点做好防潮、防尘、防腐的维护工作。在湿气较重的地方，必须在维护过程中就安装位置、设备的防护进行调整，以提高设备本身的防潮能力，同时对高湿度地带要经常采取除湿措施来解决防潮问题。

2. 防雷、防干扰

监控设备在雷雨天气易发生安全隐患，因此，维护过程中必须对防雷问题高度重视。防雷的措施主要是要做好设备接地的防雷地网，应按等电位体方案做好独立的地阻小于 $1\,\Omega$ 的综合接地网，布线时坚持强弱电分开原则，把电力线缆跟通信线缆和视频线缆分开，严格按通信和电力行业的布线规范施工。

（三）维护工作的实施

1. 日常维护

（1）定期检查视频录像机监控画面是否正常，检查视频监控录像机是否正常工作为主。

（2）定期检查录像机和摄像头的 Q9 头是否脱落、接触不良。摄像机所供电源的插座是否松动。

（3）保持视频录像机外壳清洁。

（4）如遇刮风、下雪、下雨、沙尘暴等天气，应及时检查图像是否清晰，如图像模糊无法进行正常的监控，应对摄像头进行清理。

2. 每周维护工作

每周一次设备的除尘、清理，对摄像机、防护罩等要卸下彻底吹风除尘，之后用无水酒精棉将各个镜头擦干净，调整清晰度，防止由于机器运转、静电等因素将尘土吸入监控设备机体内。同时检查监控机房通风、散热、净尘、供电等设施。室外温度应在 $-20 \sim +60\,°C$，相对湿度应在 $10\% \sim 100\%$；室内温度应控制在 $+5 \sim +35\,°C$，相对湿度应控制在 $10\% \sim 80\%$。

3．每月维护工作

（1）根据监控系统各部分设备的使用说明，每月检测其各项技术参数及监控系统传输线路质量，处理故障隐患，协助监控主管设定使用级别等各种数据，确保各部分设备各项功能良好，能够正常运行。

（2）对容易老化的监控设备部件每月一次进行全面检查，一旦发现老化现象应及时更换、维修，如视频头等。

（3）每月定期对监控系统和设备进行优化。合理安排监控中心的监控网络需求，如带宽、IP 地址等限制。提供每月一次的监控系统网络性能检测，包括网络的连通性、稳定性及带宽的利用率等；实时检测所有可能影响监控网络设备的外来网络攻击，实时监控各服务器运行状态、流量及入侵监控等。对异常情况，进行核查，并进行相关的处理。根据用户需要进行监控网络的规划、优化；协助处理服务器软硬件故障及进行相关硬件软件的拆装等。

（4）每月应对摄像头保护罩清理一次，清理方法：用清水拧干的棉布擦拭摄像头保护罩，保持保护罩清洁。用无水酒精棉将镜头擦拭干净。

（5）提供每月一次的定期维护信息，认真填写班组维护记录。

三、视频监控系统日常操作与安全

1．日常操作

（1）正常运行情况下，闭路电视监控系统处于 24 小时全自动运行，无需人为介入运行，由各控制中心及保安值班人员进行监控。当设备发生故障时，保安值班人员须及时报修。

（2）各控制中心及保安值班人员应熟悉管辖范围内的闭路电视监控系统设备，了解其分布情况。对设备操作必须严格按操作规程进行，并保证设备处于良好的工作状态。

（3）各控制中心及保安值班人员，未经上级部门同意，不得下载、传输有关硬盘录像信息、数据；不得私自删除录像，必要时应经过有关领导批准。

2．应急处理

（1）运行中如遇紧急情况，以最大限度地减少损失、防止事故进一步扩大为总原则。

（2）在紧急情况下，无论处理任何事情，应首要保证人员安全。

（3）在紧急情况下，现场操作人员可不按规定的程序进行处理，而根据具体情况迅速采取必要措施。

（4）事情处理完毕后，应立即向公司提交事故报告。

3．安全工作与注意事项

（1）安全工作：

① 安装摄像头时，对有毒、有害的环境须提前做好危害分析工作，防止中毒。

② 高空安装时，易发生高处坠落，物体打击等人身伤害事故。

③ 检修时带电拆卸仪表或零部件，易发生人身触电及设备损坏事故。

（2）注意事项：

① 安装、使用、维护工作必须两人以上作业。

② 进入工作场所必须正确穿戴好劳动保护用品，正确使用检修工作，办理齐全各类检

修票证，落实好安全监护工作。

　　③ 进行设备维护时必须与工艺人员取得联系。

　　④ 在安装和使用前，仔细阅读产品使用说明书。

　　⑤ 不要在过冷、过热、过潮、多尘、多烟雾的环境安装此设备。

　　⑥ 球机安装必须牢固可靠，选择不易发生碰撞的环境下安装。

　　⑦ 仪器接线时要仔细检查，注意极性的正确性。

　　⑧ 禁止将摄像机瞄准太阳或其他的光亮物体，否则可能造成摄像机 CCD 永久受损。

参考资料3　计算机室网络工程安装与维护

任务与参考资料分析

随着计算机网络和数字通信技术的快速发展，大量智能化建筑、现代办公场所和多媒体教学场所已大量涌现。如图 3-0-1 为大型商务写字楼，图 3-0-2 为现代企业办公场所，图 3-0-3 为学校的计算机网络实训室。要使这些场所中处于不同地理位置的计算机或其他终端设备实现信息传递、交换和资源共享功能，离不开计算机组网和网络综合布线技术。作为电子技术专业的学生和未来的高技能人才，掌握这些知识和技能，对提高自己的就业实力和竞争力都具有十分重要的现实意义。

图 3-0-1　大型商务写字楼

图 3-0-2　现代企业办公场所

图 3-0-3　计算机网络实训室

　　本次任务要完成一间计算室网络工程的组装与维护，需要大家自主学习计算机网络和综合布线技术的基础知识，网络工程设计的基本内容和甘特图的绘制方法。能认知常见的网络布线材料、工具和工艺，常见网络设备的名称、功能和使用方法；能识读和使用 Visio 2007 绘图软件绘制网络拓扑图；能按照施工方案和任务要求完成计算机室弱电线缆的连接与敷设、网络硬件安装、网络参数配置和网络功能测试工作。

　　在学习过程中，还要学会分析、处理常见的网络故障，保证网络设备的正常运行。学会团队成员之间的合作、沟通、组织和协调，不断提升自己的就业能力和实力。

参考资料

3.1　计算机网络基础与综合布线系统

【知识要点】

　➢ 计算机网络的基础知识；
　➢ 网络综合布线系统概述。

　　电信网络（电话网）、有线电视网络、计算机网络是目前信息社会最主要的三种网络。其中计算机网络发展最快，是信息时代的核心技术。

一、计算机网络基础知识

（一）计算机网络概念

　　计算机网络技术是通信技术与计算机技术相结合的产物。计算机网络是按照网络协议，将地球上分散的、独立的计算机相互连接，实现资源共享和信息传递的系统，如图 3-1-1 所示。连接介质可以是电缆、双绞线、光纤、微波、载波或通信卫星。计算机网络具有共享硬件、软件和数据资源的功能，具有对共享数据资源集中处理及管理和维护的能力。

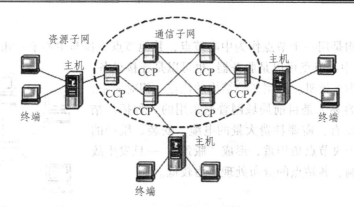

图 3-1-1　计算机网络系统逻辑组成

（二）计算机网络的分类

计算机网络可按网络拓扑结构、网络涉辖范围和互联距离、网络数据传输和网络系统的拥有者、不同的服务对象等不同标准进行分类。

1. 按网络范围划分

按网络范围可分为局域网（LAN）、城域网（MAN）、广域网（WAN）三种。

（1）局域网（LAN）。

局域网的地理范围一般在 10 km 以内，属于一个部门或一组群体组建的小范围网，例如一个学校、一个单位或一个系统等。局域网由网络硬件（包括网络服务器、网络工作站、网络打印机、网卡、网络互联设备等）和网络传输介质，以及网络软件所组成。局域网有结构简单、投资少等特点。

（2）城域网（MAN）。

城域网介于 LAN 和 WAN 之间，其范围通常覆盖一个城市或地区，距离从几十千米到上百千米。城域网有技术先进、传输速率高等特点。

（3）广域网（WAN）。

广域网涉辖范围大，一般从几十千米至几万千米，例如一个城市、一个国家或洲际网络，此时用于通信的传输装置和介质一般由电信部门提供，能实现较大范围的资源共享。广域网主要有传输速率较低、网络拓扑复杂等特点。

2. 按网络拓扑结构划分

网络拓扑结构是指传输媒体互连各种设备的物理布局，就是用什么方式把网络中的计算机等设备连接起来。常见的网络拓扑结构有总线型、星型、网状和树型四种。每种结构的组成及特点如下：

（1）总线型。

总线型拓扑结构是指采用单根传输线作为总线，所有工作站都共用一条总线，如图 3-1-2 所示。总线型拓扑结构的优点是：电缆长度短，布线容易，便于扩充。其缺点主要是总线中任一处发生故障将导致整个网络的瘫痪，且故障诊断困难。

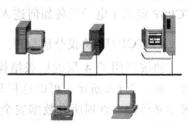

图 3-1-2　总线型拓扑结构

（2）星型。

星型拓扑结构是用一个节点作为中心节点，其他节点直接与中心节点相连构成的网络，如图 3-1-3 所示。中心节点可以是服务器，也可以是连接设备。常见的中心节点为交换机。星型拓扑结构的优点：相对简单，便于管理，建网容易，是目前局域网普遍采用的一种拓扑结构。它的缺点主要有：需要耗费大量的电缆，安装、维护的工作量也骤增、中央节点负担重，形成"瓶颈"，一旦发生故障，则全网受影响、各站点的分布处理能力较低。

（3）网状。

网状拓扑结构是将多个子网或多个网络连接起来构成的

图 3-1-3　星型拓扑结构

网际拓扑结构，如图 3-1-4 所示。它的特点主要有网络可靠性高，网络可组建成各种形状，采用多种通信信道，多种传输速率，网内节点共享资源容易，可改善线路的信息流量分配，可选择最佳路径，传输延迟小。缺点主要包括控制复杂、软件复杂、线路费用高、不易扩充。

（4）树型。

树型拓扑结构由总线型演变而来。树型网络可以包含分支，每个分支又可包含多个节点。在树型拓扑中，从一个站发出的传输信息要传播到物理介质的全长，并被所有其他站点接收。如图 3-1-5 所示，树型拓扑结构是网络节点呈树状排列，整体看来就像一棵朝上的树，因而得名。它具有较强的可折叠性，非常适用于构建网络主干，还能够有效地保护布线投资。这种拓扑结构的网络一般采用光纤作为网络主干，用于军事单位、政府单位等上、下界限相当严格和层次分明的部门。

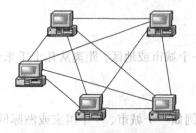

图 3-1-4　网状拓扑结构

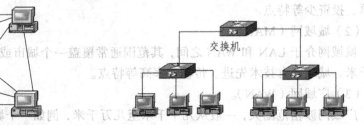

图 3-1-5　树型拓扑结构

（三）计算机网络协议

计算机网络协议比较多，这里主要介绍 TCP/IP 协议。TCP/IP 协议：Transmission Control Protocol/Internet Protocol，传输控制协议/因特网互联协议，又名网络通信协议，是 Internet 最基本的协议、Internet 国际互联网络的基础，由网络层的 IP 协议和传输层的 TCP 协议组成。TCP/IP 定义了电子设备如何连入因特网，以及数据如何在它们之间传输的标准。

1．TCP/IP 协议分层

协议采用了 4 层的层级结构，每一层都呼叫它的下一层所提供的协议来完成自己的需求，如图 3-1-6 所示。可以这样理解，TCP 负责发现传输的问题，一有问题就发出信号，要求重新传输，直到所有数据安全正确地传输到目的地。而 IP 是给因特网的每一台电脑规定一个地址。

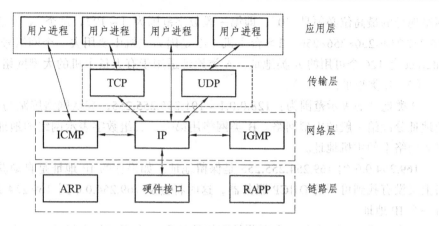

图 3-1-6　TCP/IP 协议的层级结构示意图

2．IP 地址表示方法

IP 地址可确认网络中的任何一个网络和计算机，而要识别其他网络或其中的计算机，则是根据这些 IP 地址的分类来确定的。一般将 IP 地址按节点计算机所在网络规模的大小分为 A、B、C 三类，默认的网络屏蔽是根据 IP 地址中的第一个字段确定的，如图 3-1-7 所示。

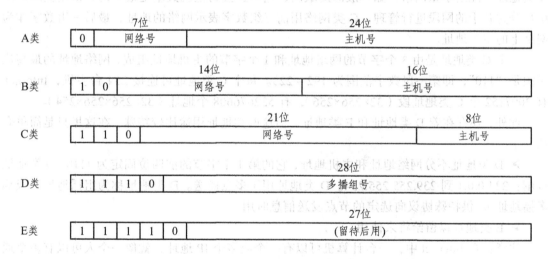

图 3-1-7　IP 地址分类

（1）A 类地址。

A 类地址的表示范围为：1.0.0.1～126.255.255.255，默认网络屏蔽为：255.0.0.0。A 类地址分配给规模特别大的网络使用。A 类网络用第一组数字表示网络本身的地址，后面三组数字作为连接于网络上的主机的地址。分配给具有大量主机（直接个人用户）而局域网络个数较少的大型网络。例如 IBM 公司的网络。

127.0.0.0 到 127.255.255.255 是保留地址，用作循环测试。

0.0.0.0 到 0.255.255.255 也是保留地址，用来表示所有的 IP 地址。

一个 A 类 IP 地址由 1 字节（每个字节是 8 位）的网络地址和 3 个字节主机地址组成，

网络地址的最高位必须是"0"，即第一段数字范围为 1~127。每个 A 类地址理论上可连接 16 777 214<256×256×256 – 2＞台主机（-2 是因为主机中要用去一个网络号和一个广播号），Internet 有 126 个可用的 A 类地址。A 类地址适用于有大量主机的大型网络。

（2）B 类地址。

B 类地址的表示范围为：128.0.0.1~191.255.255.255，默认网络屏蔽为：255.255.0.0。B 类地址分配给一般的中型网络。B 类网络用第一、二组数字表示网络的地址，后面两组数字代表网络上的主机地址。

169.254.0.0 到 169.254.255.255 是保留地址。如果你的 IP 地址是自动获取的，而你在网络上又没有找到可用的 DHCP 服务器，这时将会从 169.254.0.0 到 169.254.255.255 中临时获得一个 IP 地址。

一个 B 类 IP 地址由 2 个字节的网络地址和 2 个字节的主机地址组成，网络地址的最高位必须是"10"，即第一段数字范围为 128~191。每个 B 类地址可连接 65 534（$2^{16} – 2$，因为主机号的各位不能同时为 0，1）台主机，Internet 有 16 383（$2^{14} – 1$）个 B 类地址（因为 B 类网络地址 128.0.0.0 是不指派的，而可以指派的最小地址为 128.1.0.0[COME06]）。

（3）C 类地址。

C 类地址的表示范围为：192.0.0.1~223.255.255.255，默认网络屏蔽为：255.255.255.0。C 类地址分配给小型网络，如一般的局域网，它可连接的主机数量是最少的，采用把所属的用户分为若干个网段进行管理。C 类网络用前三组数字表示网络的地址，最后一组数字作为网络上的主机地址。

一个 C 类地址是由 3 个字节的网络地址和 1 个字节的主机地址组成，网络地址的最高位必须是"110"，即第一段数字范围为 192~223。每个 C 类地址可连接 254 台主机，Internet 有 2097152 个 C 类地址段（32×256×256），有 532676608 个地址（32×256×256×254）。

此外，还存在着 D 类地址和 E 类地址。但这两类地址用途比较特殊，在这里只是简单介绍一下。

➤ D 类地址不分网络地址和主机地址，它的第 1 个字节的前四位固定为 1110。D 类地址范围：224.0.0.1 到 239.255.255.254。D 类地址用于多点播送。D 类地址称为组播地址（或称多播地址），供特殊协议向选定的节点发送信息时用。

➤ E 类地址保留给将来使用。

注意：在 Internet 中，一台计算机可以有一个或多个 IP 地址，就像一个人可以有多个通信地址一样，但两台或多台计算机却不能共享一个 IP 地址。如果有两台计算机的 IP 地址相同，则会引起异常现象，无论哪台计算机都将无法正常工作。

3. 子网掩码

子网掩码（subnet mask）又叫网络掩码、地址掩码、子网络遮罩。它用来指明一个 IP 地址的哪些位标识主机所在的子网，哪些位标识主机的位掩码。子网掩码不能单独存在，它必须结合 IP 地址一起使用。子网掩码只有一个作用，就是将某个 IP 地址划分成网络地址和主机地址两部分。子网掩码是一个 32 位地址，是与 IP 地址结合使用的一种技术。

子网掩码的作用主要有两个，一是用于屏蔽 IP 地址的一部分以区别网络标识和主机标识，并说明该 IP 地址是在局域网上，还是在远程网上。二是用于将一个大的 IP 网络划分为若干小的子网络。随着互联网的发展，越来越多的网络产生，有的网络多则几百台，有的只有几台，这样就浪费了很多 IP 地址，通过使用子网可以提高网络利用的效率。

（四）开放式系统互联参考模型（OSI：Open System Interconnection）

国际标准组织（国际标准化组织）制定了 OSI 模型。这个模型把网络通信的工作分为 7 层，分别是物理层、数据链路层、网络层、传输层、会话层、表示层和应用层。1~4 层被认为是低层，这些层与数据移动密切相关。5~7 层是高层，包含应用程序级的数据。每一层负责一项具体的工作，然后把数据传送到下一层，如图 3-1-8 所示。

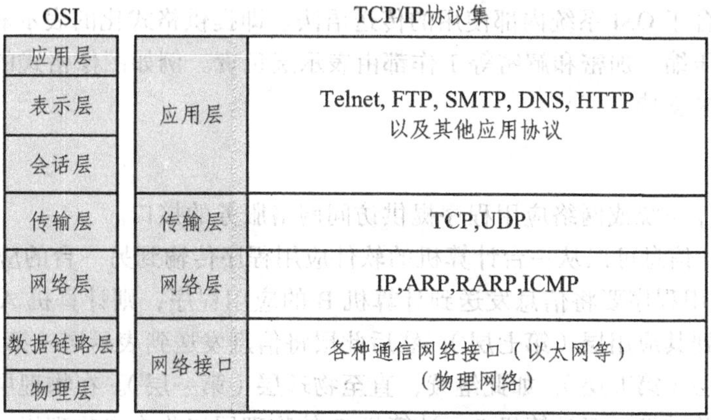

OSI	TCP/IP协议集	
应用层	应用层	Telnet, FTP, SMTP, DNS, HTTP 以及其他应用协议
表示层		
会话层		
传输层	传输层	TCP,UDP
网络层	网络层	IP,ARP,RARP,ICMP
数据链路层	网络接口	各种通信网络接口（以太网等）（物理网络）
物理层		

图 3-1-8 OSI 与 TCP/IP 协议集

1. 物理层

OSI 的第一层，它虽然处于最底层，却是整个开放系统的基础。物理层为设备之间的数据通信提供传输媒体及互联设备，为数据传输提供可靠的环境。

2. 数据链路层

每次通信都要经过建立通信联络和拆除通信联络两过程，这种建立起来的数据收发关系就叫作数据链路。数据链路的建立、拆除，对数据的检错、纠错是数据链路层的基本任务。

3. 网络层

网络层的任务是选择合适的网间路由和交换节点，确保数据及时传送。网络层将数据链路层提供的帧组成数据包，包中封装有网络层包头，其中含有逻辑地址信息——源站点和目的站点地址的网络地址。

4. 传输层

它是两台计算机经过网络进行数据通信时，第一个端到端的层次，具有缓冲作用。当网络层服务质量不能满足要求时，它将服务加以提高，以满足高层的要求；当网络层服务质量较好时，它只用很少的工作。传输层还可进行复用，即在一个网络连接上创建多个逻辑连接。传输层也称为运输层，传输层只存在于端开放系统中，是介于低 3 层通信子网系统和高 3 层之间的一层，但却是很重要的一层。因为它是源端到目的端对数据传送进行控制从低到高的最后一层。

5. 会话层

这一层也可以称为会晤层或对话层，在会话层及以上的高层次中，数据传送的单位不再另外命名，统称为报文。会话层不参与具体的传输，它提供包括访问验证和会话管理在内的建立和维护应用之间通信的机制。如服务器验证用户登录便是由会话层完成的。

6. 表示层

这一层主要解决用户信息的语法表示问题。它将欲交换的数据从适合于某一用户的抽象语法，转换为适合于 OSI 系统内部使用的传送语法。即提供格式化的表示和转换数据服务。数据的压缩和解压缩、加密和解密等工作都由表示层负责。例如图像格式的显示，就是由位于表示层的协议来支持。

7. 应用层

应用层为操作系统或网络应用程序提供访问网络服务的接口。

通过 OSI 层，信息可以从一台计算机的软件应用程序传输到另一台的应用程序上。例如，计算机 A 上的应用程序要将信息发送到计算机 B 的应用程序，则计算机 A 中的应用程序需要将信息先发送到其应用层（第七层），然后此层将信息发送到表示层（第六层），表示层将数据转送到会话层（第五层），如此继续，直至物理层（第一层）。在物理层，数据被放置在物理网络媒介中并被发送至计算机 B。计算机 B 的物理层接收来自物理媒介的数据，然后将信息向上发送至数据链路层（第二层），数据链路层再转送给网络层，依次继续直到信息到达计算机 B 的应用层。最后，计算机 B 的应用层再将信息传送给应用程序接收端，从而完成通信过程。

（五）计算机网络安全

网络安全是指网络系统的硬件、软件及其系统中的数据受到保护，不因偶然的或者恶意的原因而遭受到破坏、更改、泄露，系统连续可靠正常地运行，网络服务不中断。网络安全包含网络设备安全、网络信息安全、网络软件安全。防火墙技术是保证网络安全的一种主要技术。

防火墙（firewall）就是在被保护的 Intranet 与 Internet 之间竖起的一道安全保障，用于增强 Intranet 的安全性。目前防火墙技术可以起到的作用有：集中的网络安全、安全警报、重新部署网络地址转换、监视 Internet 的使用和向外发布信息。

（六）Internet（国际互联网）

1. Internet 的由来

美国国防部认为，如果仅有一个集中的军事指挥中心，万一这个中心被摧毁，全国的军事指挥将处于瘫痪状态，其后果将不堪设想。因此，有必要设计这样一个分散的指挥系统——它必须由一个个分散的指挥点组成，当部分指挥点被摧毁后其他点仍能正常工作，而这些分散的点又能通过某种形式的通信网取得联系。1969 年，美国国防部高级研究计划管理局（Advanced Research Projects Agency，ARPA）开始建立一个命名为 ARPAnet 的网络，把美国的几个军事及研究用电脑主机连接起来。当初，ARPAnet 只连接 4 台主机，从军事要求上是置于美国国防部高级机密的保护之下，从技术上它还不具备向外推广的条件。

1983 年，ARPA 和美国国防部通信局研制成功了用于异构网络的 TCP/IP 协议，美国加利福尼亚伯克莱分校把该协议作为其 BSD UNIX 的一部分，使得该协议得以在社会上流行起来，从而诞生了真正的 Internet。

2. Internet 的四大要素

主要包括：通信线路和通信设备、有独立功能的计算机、网络软件支持和实现数据通信与资源共享。

二、网络综合布线系统概述

随着全球社会信息化和经济国际化的深入发展，人们对共享信息资源的需求日益迫切，这就需要一个适合信息时代需求的布线方案。综合布线系统是美国西蒙公司与 1999 年提出的。20 世纪 80 年代后期，逐步引入我国。作为信息化社会象征之一的智能建筑中的综合布线系统，已成为信息化社会的一项重要工程。

1. 综合布线系统的定义

综合布线系统是指一栋建筑物内的信息传输系统，是将缆线连接的硬件按一定秩序和内部关系而集成为一个整体。综合布线系统是一个模块化、灵活性极高的建筑物内或建筑群之间的信息传输通道，是智能建筑的"信息高速公路"。

2. 综合布线系统的功能

通过综合布线系统，可使话音设备、数据设备、交换设备及各种控制设备与信息管理系统连接起来，同时也使这些设备与外部通信网络相连。它还包括建筑物外部网络或电信线路的连接点与应用系统设备之间的所有线缆及相关的连接部件。综合布线由不同系列和规格的部件组成，其中包括：传输介质、相关连接硬件（如配线架、连接器、插座、插头、适配器）以及电气保护设备等。这些部件可用来构建各种子系统，它们都有各自的具体用途，不仅易于实施，而且能随需求的变化而平稳升级。

3. 综合布线系统的特点

综合布线系统是无源系统，使用标准的双绞线和光纤，支持高速率的数据传输。综合布线系统在统一的传输介质上建立的可以连接电话、计算机、会议电视和监视电视等设备的结构化的信息传输系统。它包括一系列专用的插座和连接硬件，用户可以把设备连到标准的话音/数据信息插座上，安装、维护、升级和扩展都非常方便和经济。

4. 综合布线系统的结构

综合布线系统采用星型拓扑结构，使系统的集中管理成为可能，也使每个信息点的故障、改动或增加不影响其他的点。一个设计良好的布线系统应具有开放性、灵活性和可扩展性，并对其服务的设备有一定的独立性。

5. 综合布线系统的系统组成

在 EIA/TIA-568 标准中，把综合布线系统分为六个子系统：建筑群主干子系统、设备间子系统、垂直干线子系统、管理间子系统、水平区系统和工作区子系统。其中任何一个子系统均为独立的单元组，更改任一子系统时也不会影响其他子系统。各子系统之间的关系示意图，如图 3-1-9 所示。

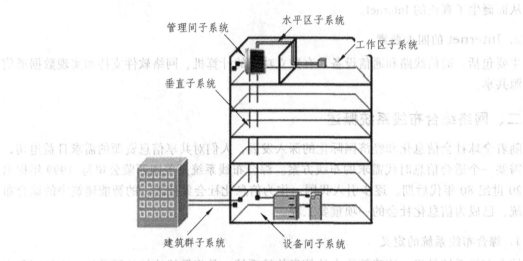

图 3-1-9　各子系统关系示意图

（1）工作区子系统。

提供从水平子系统的信息插座到用户工作站设备之间的连接。它包括工作站连线、适配器和扩展线等。

（2）水平区子系统。

水平区子系统是布置在同一楼层，一端接在信息插座，另一端接楼层配线间的跳线架上。功能：将干线子系统线路延伸到用户区。水平子系统主要采用 4 对超五类或六类非屏蔽双绞线（UTP），它能支持大多数现代通信设备。

（3）垂直干线子系统。

建筑物内将各楼层的管理子系统和主配线间相连接。

（4）管理间子系统。

即配线间，它将水平子系统和垂直干线子系统连在一起或把垂直主干和设备子系统连在一起。其中包括双绞线跳线架、跳线。在有光纤的布线系统中，还应用光纤跳线架和光纤跳线。当终端设备位置或局域网的结构变化时，有时只要改变跳线方式即可，而不需要重新布线。

（5）设备间子系统。

它采用跳接式配线架连接主机和网络设备。该子系统是由设备间电缆、连接跳线架及相关支撑硬件、防雷保护装置等构成。它是整个配线系统的中心单元。

（6）建筑群主干子系统。

将一个园区的各建筑物内的设备子系统连接在一起，包括光缆、电缆和电气保护设备。

3.2　网络工程设计与网络设备基础

【知识要点】

➢ 网络综合布线工程设计概述；

➢ 甘特图的功能与绘制；

➢ 常见的网络设备介绍。

一、网络综合布线工程设计概述

网络系统在智能建筑中起到非常重要的作用，它不仅是简单的计算机之间的联网，也是一个复杂的系统工程，要采用系统的设计方法。

1．网络工程的设计目标

网络工程在进行方案设计时，应该达到以下要求：

（1）实用性、先进性：从实用出发考虑网络的整体结构，满足系统技术要求，选用先进的符合国际标准的可开发的系统产品。

（2）模块化、扩展性：网络系统应采用模块化设计，同时又是一个开放性系统。

（3）工程化、可靠性：在网络系统设计过程中充分考虑工程要求，确保可靠性。

（4）集成化、高效性：网络系统是通信子系统、控制子系统、办公自动化子系统集成的基础。要体现集成化设计思想，保证总系统的高效性。

2．网络系统的设计原则

（1）满足当前需求，留有余地。

（2）统一规划、全面设计。

（3）符合 ISO 的 OSI 和 TCP/IP 协议。

（4）便于维护和管理。

（5）满足现实需求下，提高性价比。

3．网络工程的设计流程

基本流程为：需求分析—技术交流—研读图纸—初步设计—造价概算—方案审定—正式设计—工程预算

首先，与用户进行充分的技术交流，了解建筑物用途，然后认真阅读建筑物设计图纸。其次，进行初步规划和设计，最后进行概算和预算。

4．网络工程的设计内容

网络综合布线系统工程的设计主要涉及既有建筑物改造和新建建筑物综合布线系统设计。设计主要包括完成以下工作任务：

（1）工程项目点数统计表。

常见工作区信息点配置原则如表 3-2-1 所示。信息点数统计表如表 3-2-2 所示。

（2）工程项目系统图。

（3）工程项目施工图。

（4）工程项目材料统计表。

（5）工程项目预算表。

（6）工程项目端口对应表。

（7）工程项目进度表。

表 3-2-1　工作区信息点配置原则

工作区类型及功能	安装位置	安装数量 数据	安装数量 语音
网管中心、呼中心等级端设备密集场地	工作台处墙面或者地面	1~2个/工作台	2个/工作台
集中办公、开放工作区等人员密集场所	工作台处墙面或者地面	1~2个/工作台	2个/工作台
董事长、经理、主管等独立办公室	工作台处墙面或者地面	2个/间	2个/间
小型会议室/商务洽谈室	主席台处地面或者台面	2~4个/间	2个/间
大型会议室，多功能厅	会议桌地面或者台面	5~10个/间	2个/间
>5 000 m² 的大型超市或者卖场	收银区和管理区	1个/100 m²	1个/100 m²
2 000~3 000 m² 中小型卖场	收银区和管理区	1个/30~50 m²	1个/30~50 m²
餐厅、商场等服务业	收银区和管理区	1个/50 m²	1个/50 m²
宾馆标准间	床头或室字台或浴室	1个/间，写字台	1~3个/间
学生公寓（4人间）	写字台处墙面	4个/间	4个/间
公寓管理室、门卫室	写字台处墙面	1个/间	1个/间
教学楼教室	讲台附近	1~2个/间	2个/间
住宅楼	书房	1个/套	2~3个/套

表 3-2-2　建筑物网络和语音信息点数统计表

楼层编号	房间或者区域编号 1 数据	1 语音	3 数据	3 语音	5 数据	5 语音	7 数据	7 语音	9 数据	9 语音	数据点数合计	语音点数合计	信息点数合计
18层	3	2	1	1	2	2	3	3	3	2	12	10	
17层	2	2	2	3	2	2		2	3	2	12	13	
16层	5	4		3	5	4	5	5	6	4	24	23	
15层	2	2	2	3		2	2		3	2	12	13	
合计											60	49	109

二、甘特图的功能与绘制

（一）甘特图的功能

甘特图，也称为条状图（bar chart），是在 1917 年由亨利·甘特开发的，其内在思想简单，基本是一个线条图，横轴表示时间，纵轴表示活动（项目），线条表示在整个期间上计划和实际的活动完成情况。它直观地表明任务计划在什么时候进行，及实际进展与计划要求的对比。管理者由此极为便利地弄清一项任务（项目）还剩下哪些工作要做，并可评估工作是提前、滞后或正常进行。甘特图是一种理想的控制工具，如图 3-2-1 所示。

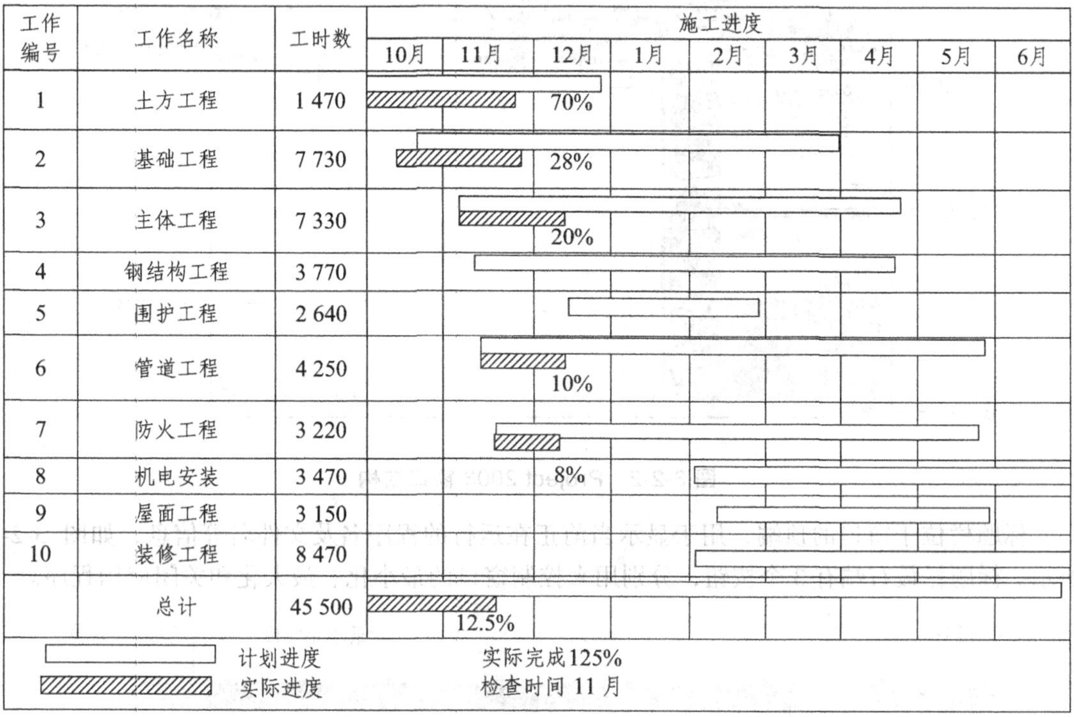

工作编号	工作名称	工时数	施工进度									
			10月	11月	12月	1月	2月	3月	4月	5月	6月	
1	土方工程	1 470			70%							
2	基础工程	7 730			28%							
3	主体工程	7 330			20%							
4	钢结构工程	3 770										
5	围护工程	2 640										
6	管道工程	4 250			10%							
7	防火工程	3 220										
8	机电安装	3 470					8%					
9	屋面工程	3 150										
10	装修工程	8 470										
	总计	45 500		12.5%								

计划进度   实际完成125%
实际进度   检查时间 11 月

图 3-2-1 ×××花园工程项目甘特图

在甘特图中，横轴方向表示时间，纵轴方向并列机器设备名称、操作人员和编号等。图表内以线条、数字、文字代号等来表示计划（实际）所需时间、计划（实际）产量、计划（实际）开工或完工时间等。

（二）绘制甘特图的步骤

（1）明确项目牵涉的各项活动、项目。内容包括项目名称（包括顺序）、开始时间、工期、任务类型（依赖/决定性）和依赖于哪一项任务。

（2）创建甘特图草图。将所有的项目按照开始时间、工期标注到甘特图上。

（3）确定项目活动依赖关系及时序进度。使用草图，按照项目的类型将项目联系起来，并且安排。

（4）计算单项活动任务的工时量。

（5）确定活动任务的执行人员及适时按需调整工时。

（6）计算整个项目时间。

（三）Project 2003 绘制甘特图

1. Project 2003 窗口结构

启动 Project 2003 后，可以看到它的工作界面与 Office 其他软件的界面极其相似，主要由标题栏、菜单栏、工具栏、数据编辑栏、任务窗格、视图栏和工作区等组成，如图 3-2-2 所示。

图 3-2-2　Project 2003 窗口结构

标题栏位于窗口的顶端，用于显示当前正在运行的程序名及文件名等信息，如图 3-2-3 所示。标题栏最右端有 3 个按钮，分别用来控制窗口的最小化、最大化和关闭应用程序。

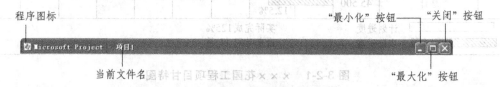

图 3-2-3　Project 2003 标题栏与按钮

2. Project 2003 绘制甘特图步骤

（1）创建新的项目计划。

步骤 1：单击"文件"菜单中的"新建"。在"新建项目"任务窗格中，单击"空白项目"。Project 新建一个空白项目计划，接下来设置项目的开始日期。

步骤 2：单击"项目"菜单中的"项目信息"。显示项目信息对话框。

步骤 3：在"开始日期"框中，输入或选择"XXXX 年 X 月 X 日"。

步骤 4：单击"确定"，关闭项目信息对话框。

步骤 5：在"标准"工具栏中，单击"保存"按钮。因为项目计划之前没有保存过，所以显示"另存为"对话框。

步骤 6：在"文件名称"框中，输入"计算机室网络工程安装与维护"。

步骤7：单击"保存"，关闭"另存为"对话框。Project 将项目计划保存为"计算机室网络工程安装与维护"。

（2）输入项目属性.

和其他 Microsoft Office 程序一样，Project 会跟踪一些文件属性。其中一些属性是具有统计意义的，如文件被修订了多少次。其他属性包括想记录的项目计划的信息，如项目经理的名字或支持文件搜索的关键字。在打印时，Project 也会利用页眉和页脚的属性。

步骤1：单击"文件"菜单中的"属性"，显示属性对话框。

步骤2：如果"摘要"选项卡不可见，请单击"摘要"标签。

步骤3：在"主题"框中，输入 file production schedule。

步骤4：在"作者"框中，输入自己的名字。

步骤5：在"经理"框中，输入经理的名字或保留空白。

步骤6：在"单位"框中，输入 XX 组。

步骤7：勾选"保存预览图片"复选框。当此文件在"打开"对话框中出现时，则会显示一幅小图像，此图像会显示项目的前几个任务。

步骤8：单击"确定"，关闭对话框。

步骤9：关闭"计算机室网络工程安装与维护"文件。

（3）输入任务。

任务是所有项目最基本的构件，它代表完成项目最终目标所需要做的工作。任务通过工序、工期和资源需求来描述项目工作。

步骤1：单击"文件"菜单中的"另存为"，显示"另存为"对话框。

步骤2：在"文件名"框中，输入"计算机室网络工程安装与维护 2"，然后单击"保存"。

步骤3：在"任务名称"列标题下的第一个单元格中，输入任务，然后按【Enter】键，输入的任务会被赋予一个标识号（ID）。每个任务的标识号都是唯一的，但标识号并不一定代表任务执行的顺序。Project 为新任务分配的工期为一天，问号表示这是估计的工期。在甘特图中会显示相应的任务条，长度为一天。默认情况下，任务的开始日期与项目的开始日期相同。

步骤4：在任务名称下输入任务名称，每输入一个任务名称，按一下【Enter】键。

应总共输入 6 个任务。

（4）估计工期。

任务的工期是预期的完成任务所需的时间。Project 能处理范围从分到月的工期。根据项目的范围，您可能希望处理的工期的时间刻度为小时、天和星期。

例如，项目的项目日历定义的工作时间可能是周一到周五的上午 8 点到下午 5 点，中间有一小时午休时间，晚上和周末为非工作时间。如果估计任务将花费的工作时间为 16 小时，应该在工期中输入 2 d，将工时安排为两个八小时工作日。如果工作在周五上午 8 点开始，那么可以预料在下周一下午 5 点之前工作是不能完成的。不应将工作安排为跨越周末，因为周六和周日是非工作时间。

（5）输入里程碑。

除了跟踪要完成的任务外，还能跟踪项目的重大事件。为此，可以创建里程碑。

里程碑是在项目内部完成的重要事件（如某工作阶段的结束）或强加于项目的重要事件（如申请资金的最后期限）。因为里程碑本身通常不包括任何工作，所以它表示为工期为

0 的任务。

（6）分阶段组织任务。

将代表项目工作主要部分的极其相似的任务分为阶段来组织是有益的。回顾项目计划时，观察任务的阶段有助于分辨主要工作和具体工作。例如，较常见的有将电影或视频项目分为以下几个主要工作阶段：前期制作、制作和后期制作。可以通过对任务降级或升级来创建阶段。也可以将任务列表折叠到阶段中，很像在 Word 中使用大纲。在 Project 中，阶段表示为摘要任务。

摘要任务的行为不同于其他任务。不能直接修改摘要任务的工期、开始日期或其他计算值，因为这些信息是由具体任务（称为子任务，它们缩进显示在摘要任务之下）派生的。在 Project 中，摘要任务的工期为其子任务的最早开始时期与最晚完成日期之间的时间长度。

通过以上方法和步骤，就可完成一张甘特图的制作。

三、常见计算机网络设备

1. 网　卡

网卡，又称为网络接口卡或网络适配器，是局域网中最基本的部件之一，如图 3-2-4 所示。对网卡而言，每块网卡都有唯一的网络节点地址，即 48 位 MAC 地址，它是网卡生产商烧录在 ROM 中的，具有全球唯一性。网卡工作在链路层的网络组件，是局域网中连接计算机和传输介质的接口，不仅能实现与局域网传输介质之间的物理连接和电信号匹配，还涉及帧的发送与接收、帧的封装与拆封、介质访问控制、数据的编码与解码以及数据缓存的功能等。

图 3-2-4　网络适配器

2. 交换机

交换机是一种用于电信号转发的网络设备。它对应于 OSI 模型第二次及数据链路层，如图 3-2-5 所示。它可以为接入交换机的任意两个网络节点提供独享的电信号通路。在交换机中数据帧通过一个无碰撞的转换矩形到达目的端口。

图 3-2-5　交换机

3. 路由器

路由器工作在 OSI 模型第三次即网络层。它的主要目的是在网络之间提供路由选择，进行分组转发。路由器是互联网络的枢纽、"交通警察"，如图 3-2-6 所示。

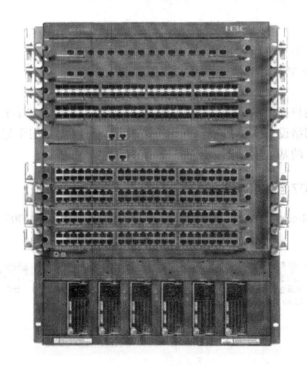

图 3-2-6　路由器

4. 服务器

服务器是一种能实现资源管理，并为用户提供服务的计算机软件，通常分为文件服务器、数据库服务器和应用程序服务器。能运行以上软件的计算机或计算机系统也被称为服务器。相对于普通 PC 来说，服务器在稳定性、安全性、性能等方面都要求更高，因为 CPU、芯片组、内存、磁盘系统、网络等硬件和普通 PC 有所不同。服务器如图 3-2-7 所示。

图 3-2-7 服务器

3.3 Visio 2007 构建网络拓扑图

【知识要点】

➢ Visio 2007 绘制网络拓扑图步骤
➢ 软件绘图过程中常用的网络图标

Visio 2007 为用户提供的"网络图"中包含了高层网络设计、详细逻辑网络设计以及物理网络设计、机架网络设备 4 类模板。利用上述模板，可以创建用于记录目录服务，或将网络设备布局到支架上的基本网络图。

一、Visio 2007 绘制网络拓扑图步骤

（1）双击桌面 Microsoft Visio 2007 程序快捷图标，进入 Visio 2007 入门教程界面，如图 3-3-1 所示。

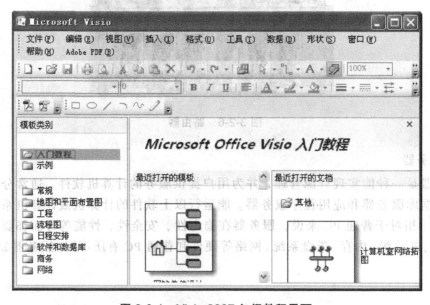

图 3-3-1 Visio 2007 入门教程界面

（2）单击左边窗口中的"网络"标签，选择"基本网络"图标，进入基本网络图模板界面，如图3-3-2所示。

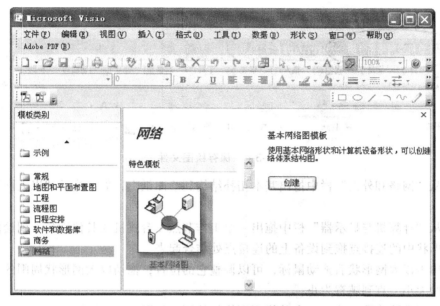

图3-3-2 基本网络图模板界面

（3）单击"创建"按钮，就可以新建一个绘图文件，默认文件名为：绘图1。也可以通过【文件】→【新建】→【网络】→【基本网络图】，创建一个绘图文件，并进入绘图窗口。

绘图窗口的左边是"形状"对话框，包含一些可用的图符，分为"背景"、"边框和标题"、"网络和外设"等，右边是绘图区，如图3-3-3所示。

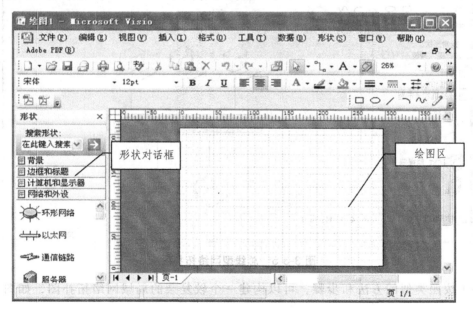

图3-3-3 基本网络绘图窗口

（4）单击"保存"按钮，在弹出的对话框中输入文件名：计算机室网络拓扑图，文件类型：绘图。这时标题栏的文件名就变成了"计算机室网络拓扑图"，如图 3-3-4 所示。

图 3-3-4　保存绘图文件

（5）从"网络和外设"栏中拖出基本拓扑结构到绘图纸上，如：拖动"以太网"结构到绘图区。

（6）从"计算机与显示器"栏中拖出一个工作节点（台式机或其他设备）到绘图区，并将以太网形状中的连接点拖到设备上的连接点处结合起来。

（7）单击以太网形状后拖动鼠标，可以调整它的位置；拖动以太网形状周围的手柄，可以调整它的大小，直到满意为止。

（8）重复上述步骤，建立一个总线型网络拓扑图，如图 3-3-5 所示。

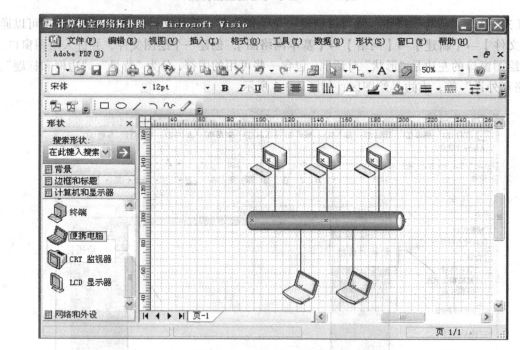

图 3-3-5　总线型网络拓扑图

（9）按照类似的方法和步骤，可以构建一个较复杂的局域网络拓扑图，如图 3-3-6 所示。

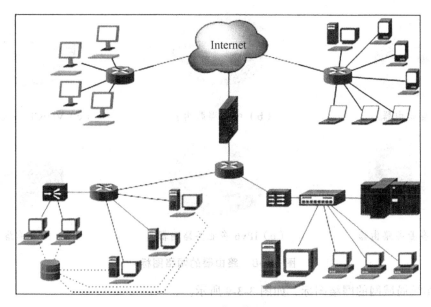

图 3-3-6 局域网络拓扑图

二、软件绘图过程中常用的网络图标

以锐捷网络图标库 2007 V1.0 版为例，介绍绘图过程中几种常见的网络设备的图形标记。

（1）交换机的网络图标，如图 3-3-7 所示。

（a）核心交换机

（b）模块化汇聚交换机

（c）三层堆叠交换机

（d）固化汇聚交换机

（e）接入交换机

（f）二层堆叠交换机

图 3-3-7 交换机的网络图标

（2）路由器的网络图标，如图 3-3-8 所示。

（a）高端路由器　　　　（b）中低端路由器　　　　（c）VOICE 多业务路由器

（d）SOHO 多业务路由器　　　（e）IPv6 多业务路由器　　　　（f）单路 AP

图 3-3-8　路由器的网络图标

（3）无线局域网的网络图标，如图 3-3-9 所示。

（a）双路 AP　　　　　　（b）室外天线　　　　　　（c）无线网桥-01

（d）无线网桥-02　　　　　（e）无线交换机　　　　　（f）无线网卡-01

（g）无线网卡-02　　　（h）笔记本+无线网卡-01　　（i）笔记本+无线网卡-02

图 3-3-9　无线局域网的网络图标

（4）网络安全的网络图标，如图 3-3-10 所示。

（a）IDS 入侵 　　　　（b）IPS 入侵 　　　　（c）防火墙-01

（d）防火墙-02 　　　　（e）VPN 网关 　　　　（f）USB Key

图 3-3-10　网络安全的网络图标

（5）服务器的网络图标，如图 3-3-11 所示。

（a）通用服务器-01 　　（b）通用服务器-02 　　（c）视频服务器

（d）文件服务器 　　　　（e）打印服务器 　　　　（f）数据服务器

图 3-3-11　服务器的网络图标

（6）办公设备的网络图标，如图 3-3-12 所示。

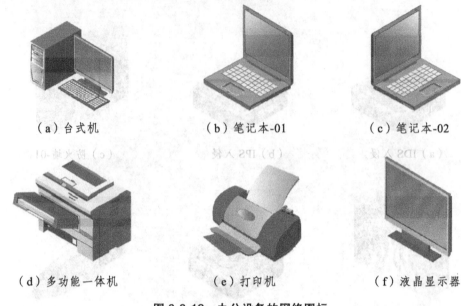

（a）台式机　　　　（b）笔记本-01　　　　（c）笔记本-02

（d）多功能一体机　　　　（e）打印机　　　　（f）液晶显示器

图 3-3-12　办公设备的网络图标

（7）网络/线路的网络图标，如图 3-3-13 所示。

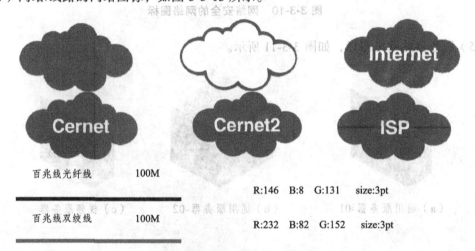

百兆线光纤线　　　100M

百兆线双绞线　　　100M

R:146　B:8　G:131　　size:3pt

R:232　B:82　G:152　　size:3pt

图 3-3-13　网络/线路的网络图标

3.4　常见综合布线耗材识别与设备安装

【知识要点】
- 双绞线的类型与连接方法；
- 水晶头、网络模块的识别与制作；
- 网络机柜和设备的安装与连接。

一、双绞线的类型与连接

（一）双绞线的组成与应用

双绞线是综合布线工程中最常用的一种传输介质。双绞线由 4 对相互缠绕在一起的金属导线绕制而成，如图 3-4-1 所示。把两根绝缘的铜导线按一定密度互相绞在一起，可以降低信号干扰的程度，每一根导线在传输中辐射的电波会被另一根线上发出的电波抵消。

图 3-4-1 双绞线的组成

双绞线作为一种价格低廉、性能优良的传输介质，在综合布线系统中被广泛应用于水平布线。双绞线价格低廉、连接可靠、维护简单，可提供高达 1 000 Mbps 的传输带宽，不仅可以用于数据传输，而且可以用于语音和多媒体传输。

（二）双绞线的分类

按是否具有屏蔽功能，可分为屏蔽双绞线和非屏蔽双绞线；按传输速率的不同，可分为 5 类、超 5 类和 6 类双绞线。

1. 5 类双绞线

该类电缆增加了绕线密度，外套一种高质量的绝缘材料，传输频率为 100 MHz，用于语音传输和最高传输速率为 100 Mbps 的数据传输，主要用于 100BASE-T 和 10BASE-T 网络，这是最常用的以太网电缆。

2. 超 5 类双绞线

超 5 类衰减小，串扰少，并且具有更高的衰减与串扰的比值（ACR）和信噪比（Structural Return Loss）、更小的时延误差，性能得到很大的提高。超 5 类线主要用于千兆位以太网（1 000 Mbps）。

3. 6 类双绞线

该类电缆的传输频率为 1 ～ 250 MHz，6 类布线系统在 200 MHz 时综合衰减串扰比（PS-ACR）应该有较大的余量，它提供 2 倍于超五类的带宽。六类布线的传输性能远远高于超 5 类标准，最适用于传输速率高于 1 Gbps 的应用。6 类与超 5 类的一个重要的不同点在于：改善了在串扰以及回波损耗方面的性能，对于新一代全双工的高速网络应用而言，优良的回波损耗性能是极重要的。六类标准中取消了基本链路模型，布线标准采用星形的拓扑结构，要求的布线距离为：永久链路的长度不能超过 90 m，信道长度不能超过 100 m。

（三）双绞线的连接

1. 细导线的排序

将水晶头刀口面正对自己，刀口向上，从左至右，其序号分别为 12345678，如图 3-4-2 所示。

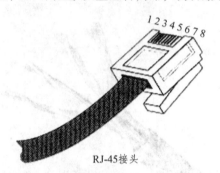

RJ-45接头

图 3-4-2　水晶头的刀口排序示意图

根据双绞线中每根细导线对应水晶头中刀口的位置，按 EIA/TIA568A 标准和 EIA/TIA568B 标准分别有两种排列方法，如图 3-4-3 所示。

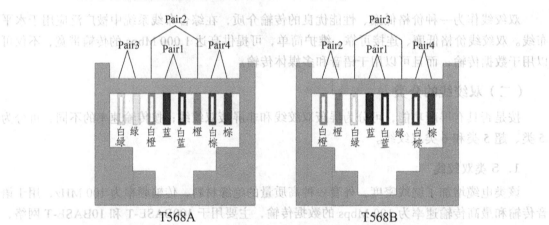

图 3-4-3　T568A 和 T568B 线序图

① T568A 标准的线序 1→8：

白绿　绿　白橙　蓝　白蓝　橙　白棕　棕

② T568B 标准的线序 1→8：

白橙　橙　白绿　蓝　白蓝　绿　白棕　棕

2. 100BASE-T4RJ-45 对双绞线中每根细导线的规定

1、2 用于发送，3、6 用于接收，4、5，7、8 是双向线。

3. 双绞线的连接

按双绞线两端线序的不同，有直通线和交叉线两种制作方法。直通线两头都按 T568B 线序标准连接；交叉线：一头按 T568A 线序连接，一头按 T568B 线序连接。根据连接的网络设备不同而使用不同的连接方法。

① 对等网（两台计算机的网卡直接互连）：采用交叉线接法，网线两端接法不同。

② 网卡与交换机（或 HUB）：采用直通线接法，网线两端接法相同。

③ 交换机与交换机（或 HUB）级联：采用交叉线接法，网线两端接法不同。

即直通线用于连接：主机和 Switch（交换机）/Hub（集线器）；Router（路由器）和 Switch/Hub。而交叉线用于连接：Switch 和 Switch；主机和主机；Hub 和 Hub；Hub 和 Switch；主机和 Router 直连。

二、水晶头、网络模块的识别与制作

（一）水晶头的识别与制作

1. 水晶头的作用

水晶头是网络连接中重要的接口设备，是一种能沿固定方向插入并自动防止脱落的塑料接头，用于网络通信，因其外观像水晶一样晶莹透亮而得名为"水晶头"，如图 3-4-4 所示。水晶头主要用于连接网卡端口、交换机、电话等。

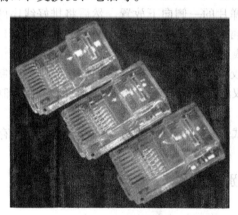

图 3-4-4　RJ45 水晶头

2. 水晶头的类型

水晶头有 RJ45 和 RJ11 两种不同类型。

（1）RJ-45 水晶头：每条双绞线两头通过安装 RJ-45 连接器（俗称水晶头）与网卡和集线器（或交换机）相连。RJ-45 插头是一种只能沿固定方向插入并自动防止脱落的塑料接头，双绞线的两端必须都安装这种 RJ-45 插头，以便插在网卡（NIC）、集线器（Hub）或交换机（Switch）的 RJ-45 接口上，进行网络通信。

（2）RJ11 水晶头：RJ11 接口和 RJ45 接口很类似，但只有 4 根针脚（RJ45 为 8 根），如图 3-4-5 所示。在计算机系统中，RJ11 主要用来连接 modem 调制解调器。RJ-11 常应用于电话线连接中。

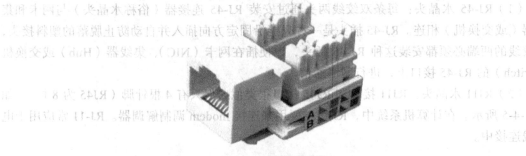

图 3-4-5　RJ11 水晶头

3. 水晶头的制作步骤

步骤 1：用 RJ-45 压线钳的切线槽口剪裁适当长度的双绞线。

步骤 2：用 RJ-45 压线钳的剥线口将双绞线一端的外层保护壳剥下约 1.5 cm（太长接头容易松动，太短接头的金属刀口不能与芯线完全接触），注意不要伤到里面的芯线，将 4 对芯线成扇形分开，减掉牵引棉线，按照相应的接口标准（T568A 或 T568B）从左至右整理线序并拢直，使 8 根芯线平行排列，整理完毕用斜口钳将芯线顶端剪齐。

步骤 3：将水晶头有弹片的一侧向下放置，然后将排好线序的双绞线水平插入水晶头的线槽中，注意导线顶端应插到底，以免压线时水晶头上的金属刀口与导线接触不良。

步骤 4：确认导线的线序正确且到位后，将水晶头放入压线钳的 RJ-45 夹槽中，再用力压紧，使水晶头加紧在双绞线上。至此，网线一端的水晶头就压制好了。

步骤 5：同理，制作双绞线的另一头接头。此处注意，如果制作的是交叉线，两端接头的线序应不同。

步骤 6：使用网线测试仪来测试制作的网线是否连通。防止存在断路导致无法通信，或短路损坏网卡或集线器。

（二）信息模块的识别与制作

1. 信息模块的识别

信息模块（也叫"信息插槽"）主要用于连接设备间和工作间使用，安装在墙上或地面，如图 3-4-6 所示。具有更高的稳定性和耐用性，同时可以减少绕行布线造成的不必要的高成本。信息模块根据产品质量不同，可分为五类、六类屏蔽或非屏蔽模块。

图 3-4-6　信息模块

在信息模块制作中，除了信息模块本身外，还需一些其他材料及制作工具。目前信息模块有两种，一种是传统的需要手工打线的，打线时需要专门的打线工具，制作起来比较麻烦；另一种是新型的，无须手工打线，无须任何模块打线工具，只需把相应双绞芯线卡入相应位置，然后用手轻轻一压即可，使用起来非常方便、快捷。新型的信息模块外观有些像水晶头，非常小，价格较贵。

因为信息模块是安装在墙面或桌面上的，所以还有一些配套的组件，主要是面板与底盒了。面板是用来固定信息模块的，有"单口"与"双口"之分。"单口"面板中只能安装一个信息模块，提供一个 RJ45 网络接口，"双口"的可以安装两个信息模块，提供两个 RJ45 网络接口，如图 3-4-7 所示。

（a）前面板

（b）后面板

图 3-4-7 双口信息模块

2. 信息模块的制作

制作信息模块需要准备的工具主要有：网线钳、剥线器、打线器。其操作步骤如下：

步骤 1：先通过综合布线把网线固定在模拟墙线槽中，将制作模块一端的网线从底盒"穿线孔"中穿出。在引出端用专用剥线工具剥除一段 3 cm 左右的网线外包皮，注意不要损伤内部的 8 条芯线。

步骤 2：把剥除了外包皮的网线放入信息模块中间的空位置，对照所采用的接入标准和模块上所标注的色标把 8 条芯线依次初步卡入模块的卡线槽中。在此步只需卡稳即可，不要求卡到底。

步骤 3：用打线工具把已卡入到卡线槽中的芯线打入卡线槽的底部，以使芯线与卡线槽接触良好、稳固。对准相应芯线，往下压，当卡到底时会有"咔"的声响。注意打线工具的卡线缺口旋转位置。

步骤 4：全部打完线后再对照模块上的色标检查一次，对于打错位置的芯线用打线工具的线钩勾出，重新打线。对于还未打到底的芯线，可用打线工具的压线刀口重新压一次，如图 3-4-8 所示。

步骤 5：打线全部完工后，用网线钳的剪线刀口或者其他剪线工具剪除在模块卡线槽两侧多余的芯线（一般仅留 0.5 cm 左右的长度），如图 3-4-9 所示。

步骤 6：把打好线的模块卡入模块面板的模块扣位中，扣好后查看一下面板的网络口位是否正确。可用水晶头试插一下，能正确插入的即为正确。

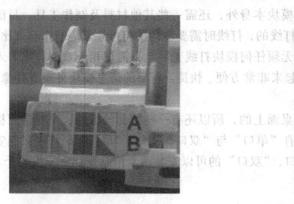

图 3-4-8　信息模块的线序

图 3-4-9　制作好的信息模块

步骤 7：在面板与遮罩板之间的缺口位置用手掰开遮罩板。然后把面板与底盒合起来，对准孔位，在螺钉固定孔位中用底盒所带的螺钉把两者固定起来。

步骤 8：最后再盖上面板的遮罩板（主要是为了起到美观的作用，使得看不到固定用的螺钉），即完成一个模块的全部制作过程。

（三）线管、线槽和配件的型号与规格

1．线管、线槽

线管，线槽在综合布线工程中应用广泛。其品种规格更多，从型号上讲有：PVC-20 系列、PVC-25 系列、PVC-25F 系列、VC-30 系列、PVC-40 系列、PVC-40Q 系列等。从规格上讲有：20×12、25×12.5、25×25、30×15、40×20 等。

2．线管、线槽配件

与 PVC 相配套的附件有：阳角、阴角、直转角、平三通、左三通、右三通、连接头、终端头、接线盒（暗盒、明盒）等。

三、网络机柜和设备的安装与连接

1．网络机柜的作用和类型

机柜用来组合安装面板、插件、插箱、电子元件、器件和机械零件与部件，使其构成一个整体的安装箱，如图 3-4-10 所示。

图 3-4-10　网络机柜

　　根据目前的类型来看，有服务器机柜、壁挂式机柜、网络型机柜、标准机柜、智能防护型室外机柜等。容量值在 2U～42U。U 是一种表示服务器外部尺寸的单位，是 Unit 的缩略语，1U = 1.75 英寸 = 44.45 毫米。1U 和 19 英寸，都是由 EIA 制定的工业标准。各种类型机柜尺寸，如表 3-4-1 所示。

表 3-4-1　机柜外部尺寸表

名　称	类　型	长×宽×深/mm×mm×mm	备　注
标准机柜	18U	1 000×600×600	
	24U	1 200×600×600	
	27U	1 400×600×600	
	32U	1 600×600×600	
	37U	1 800×600×600	
	42U	2 000×600×600	
服务器机柜	42U	2 000×800×800	
	37U	1 800×800×800	
	24U	1 200×600×800	
	27U	1 400×600×800	
	32U	1 600×600×800	
	37U	1 800×600×800	
	42U	2 000×600×800	
壁挂机柜	6U	350×600×450	
	9U	500×600×450	
	12U	650×600×450	
	15U	800×600×450	
	18U	1 000×600×450	

　　网络机柜和服务器机柜均是 19 寸标准机柜，这是它们的共同点。两者的区别在于：

① 服务器机柜是用来安装服务器、显示器、UPS 等 19′ 标准设备及非 19′ 标准的设备，在机柜的深度、高度、承重等方面均有要求，宽度一般为 600 mm，深度一般在 900 mm 以上，因内部设备散热量大，前后门均带通风孔。

② 网络机柜主要是存放路由器，交换机，配线架等网络设备及配件，深度一般小于 800 mm，宽度有 600 mm 和 800 mm 两种，前门一般为透明钢化玻璃门，对散热及环境要求不高。

机柜的常见配件，如图 3-4-11、3-4-12 所示。

图 3-4-11　常用面板不脱螺钉

图 3-4-12　卡式螺母与皇冠螺钉

2. 机柜安装注意要点

（1）确保机柜尺寸和选择的机柜支架搭配。

（2）注意机柜移动过程中，不发生倾斜摔碰等情况。

（3）测量一下房间的大小和机柜经过的天花板、门和电梯高度。考虑到机柜里的多类设备，确保把机柜放在距离电源、网线插口、通信插口近的地方。

（4）检查打开和关闭机柜时柜门打开的角度。所有的门和侧板都应很容易打开，以便于维护。

3. 机柜整理与使用注意事项

（1）前期准备。

➤ 在不影响用户正常工作的情况下进行整理机柜。

➤ 根据网络的拓扑结构、现有的设备情况、用户数量、用户分组等多种因素勾画出机柜内部的线路走线图和设备位置图，准备好所需材料：网络跳线、标签纸、各种型号的塑料扎带，如图 3-4-13 所示。

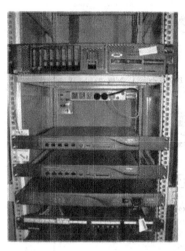

图 3-4-13　机柜中的网络设备及布线

（2）整理机柜。
➤ 使用螺丝和螺母将固定架上紧。
➤ 根据设备的位置在固定架上调整和添加挡板。
➤ 将网线分组，对网线进行标识。
（3）后期工作。
➤ 通电测试与网络联通测试。

3.5　局域网的参数配置、查看与测试

【知识要点】
➤ 局域网中各计算机的参数配置；
➤ 局域网网络参数查看与网络测试；
➤ Windows 2003 文件服务器安装。

一、局域网中各计算机的参数配置

局域网中服务器及各工作站计算机在安装好网卡，并用网线连接好以后，并不能立刻进行通信，还需给网中的各计算机添加通信协议、设置计算机标识、IP 地址、文件夹的共享和打印机的共享等。下面以 Windows 2000 操作系统为例。

1. 添加通信协议

（1）检查是否已经安装了要添加的通信协议，如 TCP/协议等。其主要步骤如下：
步骤 1：打开"控制面板"，双击"网络和 Internet 连接"图标，进入"网络和 Internet

连接"窗口。

步骤2：双击"网络连接"图标，进入网络连接窗口，用鼠标右键单击"本地连接"图标，在快捷菜单中单击"属性"按钮，出现"本地连接属性"对话框，如图3-5-1所示。

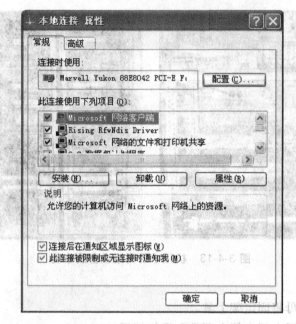

图3-5-1　本地连接属性对话框

在"此连接使用下列项目"列表框中列出了已经安装的组件，看看其中有没有要添加的通信协议。

（2）如果没有要添加的通信协议，就要进行安装。

步骤1：单击"安装"按钮；出现"选择网络组件类型"对话框。

步骤2：选择"协议"，并单击"添加"按钮；出现"选择网络协议"对话框，如图3-5-2所示。在"网络协议"列表框中列出了Windows 2000 Server/Windows XP提供的组件协议在当前系统中尚未安装的部分。

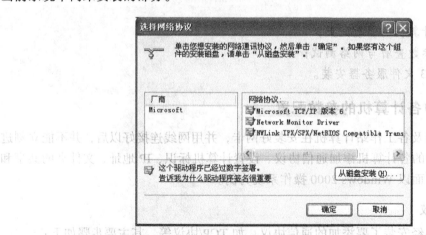

图3-5-2　列出未添加的协议

双击要添加的协议，或选中欲添加的协议后单击"确定"按钮。选中的协议将会被添加至"本地连接属性"列表框中。

2. 设置 IP 地址

步骤 1：选定"Internet 协议（TCP/IP）"组件。

步骤 2：单击"属性"按钮，打开"Internet 协议（TCP/IP）属性"对话框，如图 3-5-3 所示。

步骤 3：选中"使用下面的 IP 地址"单选按钮，并在相应的文本框中输入 IP 地址、子网掩码，如"192.168.5.20"和"255.255.255.0"，如图 3-5-4 所示。

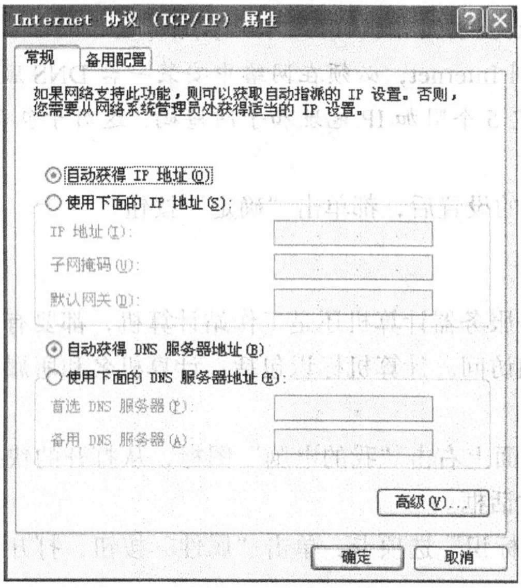

图 3-5-3   TCP/IP 协议属性

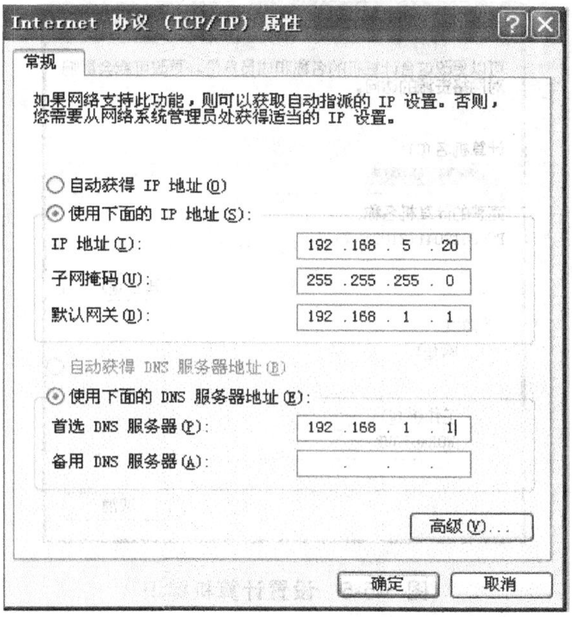

图 3-5-4   输入 IP 地址

步骤 4：选中"使用下面的 DNS 服务器地址"单选按钮，并在相应的文本框中输入首选 DNS 服务器和备用 DNS 服务器的 IP 地址。

步骤 5：如果用户希望为选定的网卡指定附加的 IP 地址和子网掩码或添加网关地址，则单击"高级"按钮，打开"高级 TCP/IP 设置"对话框。

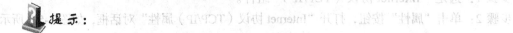 提示：

➢ 在同一个局域网中，每台计算机的 IP 地址是唯一的。

➢ "默认网关"文本框中输入的是本地路由器或网桥的 IP 地址。如 192.168.1.1。对于一个不与其他网络相连的单独局域网，默认网关可以不用输入

➢ 要将局域网连接到 Internet，必须在网络中安装一台 DNS 服务器。

➢ 用户最多可以指定 5 个附加 IP 地址和子网掩码，这对于包含多个逻辑 IP 网络进行物理连接的系统很有用。

步骤 6：完成每一步的设置后，都单击"确定"按钮。

3. 设置计算机标识

在局域网中，无论是服务器计算机还是工作站计算机，都要有一个独立不重复的名字来标识，便于在网络中互相访问。计算机标识包括：计算机名和所属的工作组或域。设置过程如下：

步骤 1：在计算机桌面上右击"我的电脑"图标，从打开的快捷菜单中选择"属性"命令，打开"系统特性"对话框。

步骤 2：选择"网络标识"选项卡，单击"属性"按钮，打开"标识更改"对话框，如图 3-5-5 所示。

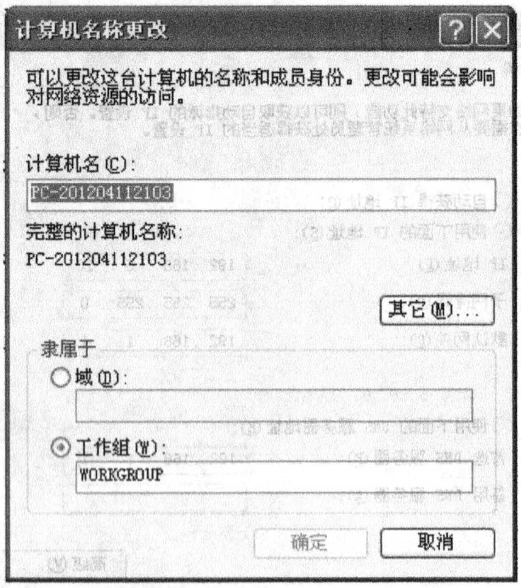

图 3-5-5 设置计算机标识

步骤 3：在"计算机名"文本框中输入计算机名。

提示： 同一网络中不能有同名计算机。

步骤 4：如果所设置的计算机属于某个域，则单击"隶属于"选项中的"域"单选按钮，并在其下的文本框中输入域名；

提示： 所输入的域名必须是服务器中已存在的域名。

如果所设置的计算机属于某个工作组，则单击"隶属于"选项中的"工作组"单选按钮，并在其下的文本框中输入工作组名。

步骤 5：单击"确定"按钮。

4. 设置共享文件夹

步骤 1：进入"我的电脑"窗口，选择要共享的文件夹，并右击鼠标，弹出快捷菜单。

步骤 2：在快捷菜单中选择"共享"命令，出现该文件夹的属性对话框，选择"共享"选项卡，并选中"共享该文件夹"单选按钮，如图 3-5-6 所示。

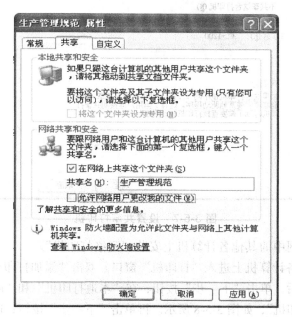

图 3-5-6　共享文件夹

第 3 步：在"共享名"文本框中输入共享名，也可以用默认的原文件夹名。"用户数限制"默认是"最多用户"，如果选择"允许"，则要指定用户个数，最大值为 10。

第 4 步：单击"权限"按钮，进入设置文件夹共享权限的对话框。"名称"列表框中默认是"Everyone"，即所有用户，如要指定用户，可以单击"添加"按钮进行添加。

提示：

➢ 共享名：是在本机和其他计算机的网上邻居中显示共享文件夹的名称。权限：列表框用来给选定的用户指定共享权限。可以通过单击权限种类后面的"允许"或"拒绝"方框来修改权限。

> 对于"Everyone"，默认是"完全控制"，既可以读取也可以更改共享文件夹的内容。
> 对于指定的用户，默认是"读取"，即只可以读取共享文件夹的内容。

5. 设置共享打印机

整个局域网中只要有一台打印机，就可以实现所有计算机都能打印的功能，这可以通过设置共享打印机来实现。

步骤1：在与物理打印机相连的计算机上，把该打印机设置为"共享"属性，如图3-5-7所示。

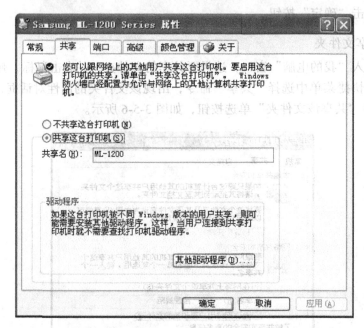

图 3-5-7　设置共享打印机

步骤2：在局域网中的其他各计算机上安装"网络打印机"。

具体操作为：在各计算机上进入"打印机"窗口，双击"添加打印机"图标，出现"添加打印机向导"对话框后，单击"下一步"按钮；在"本地打印机"和"网络打印机"两个单选按钮中选择"网络打印机"，如图3-5-8所示。再单击"下一步"按钮；这里要求键入打印机名或者单击"下一步"进行浏览打印机，选择单击"下一步"；会出现"共享打印机"列表框，在其中选择上面那台计算机的打印机，单击"下一步"按钮；出现"是否希望将这台打印机设置为 Windows 应用程序的默认打印机？"的询问对话框，选择"是"单选按钮，再单击"下一步"按钮；进入"正在完成添加打印机向导"对话框，单击"完成"按钮。结束安装。

6. 用户账户设置

（1）用户账户分类。

用户账户，是计算机使用者的身份凭证。Windows 2003 是多用户操作系统，可以在一台电脑上建立多个用户账号，不同用户使用不同的账号登录，减少相互之间的影响。Windows 2003 系统中的用户账户包括：本地用户账户、域用户账户和内置用户账户。

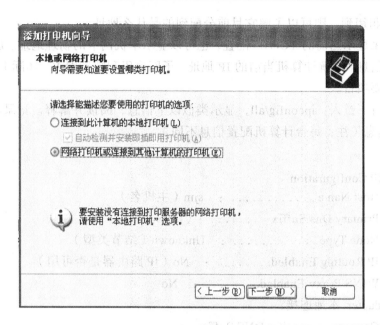

图 3-5-8　添加网络打印机

（2）本地账户的创建步骤

① 创建本地用户账户。

"我的电脑"右键→管理→计算机管理→本地用户和组→"用户"右键→新用户→输入用户名和密码。

② 设置本地用户属性。

右键单击所创建的用户账户→属性。

常规：用于设置用户的密码选项，如"用户不能更改密码"、"密码永不过期"、"账户已禁用"。

隶属于：用于将用户账户加入组，成为组的成员。

③ 更改本地用户账户。

右键单击要更改的用户账户，通过快捷菜单进行更改，包括设置密码、重命名、删除、禁用或激活用户账号等。

二、局域网网络参数查看与网络测试

当局域网硬件连接和网络参数配置完成后，我们可以使用一些网络命令来查看网络配置参数或测试网络参数是否配置正确。这里主要介绍 IPConfig 和 Ping 的功能和使用方法。

1. 网络命令：IPConfig

IPConfig 命令可用于显示当前的 TCP/IP 配置信息，这些信息一般用来检验人工配置的 TCP/IP 设置是否正确。如果你的计算机和所在的局域网使用了动态主机配置协议，这个程序所显示的信息也许更加实用，IPConfig 可以让用户了解自己的计算机是否成功地租用到一个

IP 地址，如果租用到，则可以了解它目前分配到的是什么地址。

　　该命令用来显示当前的 TCP/IP 配置，也可以显示本机网卡的物理地址。加 all 参数可以查看配置全部信息。了解计算机当前的 IP 地址、子网掩码和缺省网关，实际上是进行测试和故障分析的必要项目。

　　　　在命令行下键入：ipconfig/all，显示类似以下信息，阅读并解释。记录本机 IP 地址、MAC 地址等信息（注：每台计算机配置信息不同）。

Windows IP Configuration
　　　　Host Name . . . . ：　sjm（主机名）
　　　　Primary Dns Suffix　. . . . . . ：（DNS 后缀）
　　　　Node Type . . . . ：　Unknown（结节类型）
　　　　IP Routing Enabled. . . . . . . ：　No（IP 路由器是否可用）
　　　　WINS Proxy Enabled. . . . . . . ：　No
Ethernet adapter 本地连接：
　　　　Connection-specific DNS Suffix　. . ：
　　　　Description . . . . ：　3Com 3C920 Integrated Fast Ethernet（网卡型号）
Controller（3C905C-TX Compatible）
　　　　Physical Address. . . . . ：　00-06-5B-75-53-C1（物理地址 MAC）
　　　　Dhcp Enabled. . . . . ：　No（动态 IP 是否可用）
　　　　IP Address. . . . . ：　202.117.179.10（IP 地址）
　　　　Subnet Mask . . . . ：　255.255.255.0（子网掩码）
　　　　Default Gateway . . . . ：　192.168.0.1（网关）
　　　　DNS Servers . . . . ：　61.150.47.1（域名服务器 IP 地址）
　　　　　　　　　　　　　210.27.80.3

2．网络命令：Ping

　　Ping 命令实际是通过 ICMP 协议来测试网络的连接情况的，即将数据发送到另一台主机，并要求在应答中返回这个数据，以确定连接的情况，所以用 ping 命令可以确定本地主机是否能和另一台主机通信。Ping 本机的回送地址可确定本机的网络配置是否正确。

　　（1）测试内网是否配置正确。

　　在命令行下键入：Ping 127.0.0.1，（127.0.0.1 为本地内网中除本机外的其他计算机的 IP 地址），确定本地内网的网络配置是否正确。显示类似以下信息，阅读并解释。

Pinging 127.0.0.1 with 32 bytes of data：
Reply from 127.0.0.1：bytes=32 time<1ms TTL=128
Reply from 127.0.0.1：bytes=32 time<1ms TTL=128
Reply from 127.0.0.1：bytes=32 time<1ms TTL=128

Reply from 127.0.0.1： bytes=32 time<1ms TTL=128

Ping statistics for 127.0.0.1：

Packets： Sent = 4， Received = 4， Lost = 0 （0% loss），

Approximate round trip times in milli-seconds：

Minimum = 0ms， Maximum = 0ms， Average = 0ms

（2）测试本机网络是否配置正确。

在命令行下键入：Ping 本机 IP 地址，确定本机的网络配置是否正确。如果显示类似上面信息，说明网络配置正确，否则显示连接测试不成功的信息，则需要检查网络配置。

（3）测试本机与外网是否能通信。

在命令行下键入：Ping 外网的 IP 地址或域名 参数，如：Ping www.sina.com.cn –t 可查看本机是否能与新浪网进行正常通信，即本地与新浪网是否连通。如果显示类似上面信息，说明网络配置正确；否则显示连接测试不成功信息，则需要检查网络配置。

3．网络命令的使用方法

方法 1：在 Windows 操作系统下，单击【开始】→【程序】→【附件】→【命令提示符】，即可打开命令操作窗口，可在命令提示符下执行 Windows 命令。

方法 2：在 Windows 操作系统下，单击【开始】按钮，在开始菜单中选择【运行】，在【运行】对话框中输入 Windows 命令，如图 3-5-9 所示。单击【确定】按钮后开始执行命令。

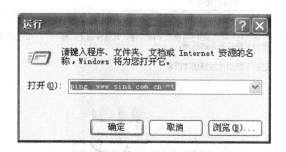

图 3-5-9　在运行对话框中输入网络命令

命令的格式一般为："命令/参数"，如：IPConfig /?，? 参数可以查看命令的使用说明。

三、Windows 2003 文件服务器安装

文件服务是局域网中最常用的服务之一，在局域网中搭建文件服务器以后，可以通过设置用户对共享资源的访问权限来保证共享资源的安全。文件服务器的安装步骤如下：

（1）打开"配置您的服务器向导"，如图 3-5-10 所示。

（2）由服务器向导检测安装或未安装的服务，如图 3-5-11 所示。

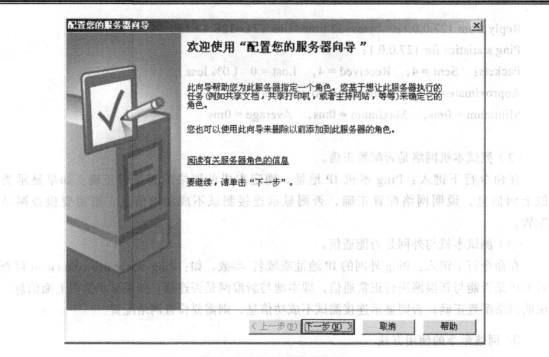

图 3-5-10　配置服务器向导

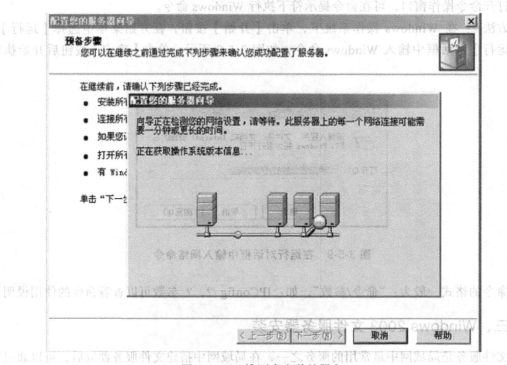

图 3-5-11　检测未安装的服务

（3）选择配置类型，如图 3-5-12 所示。

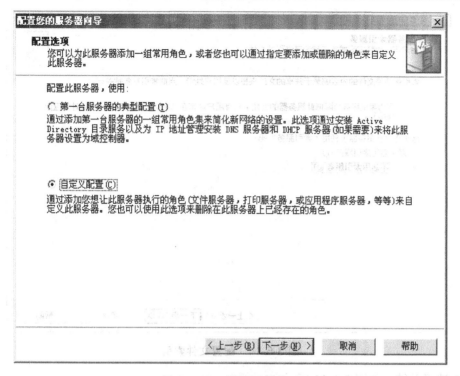

图 3-5-12　选择配置类型

（4）在服务器角色选择中选择"文件服务器"，并进入"下一步"，如图 3-5-13 所示。

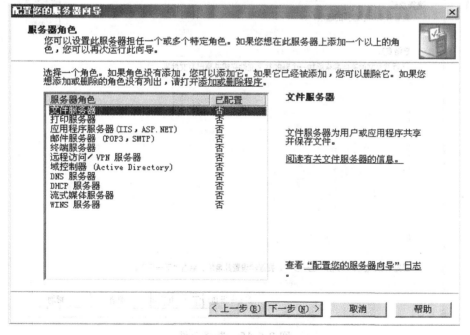

图 3-5-13　选择文件服务器

（5）配置文件索引，如图 3-5-14 所示。

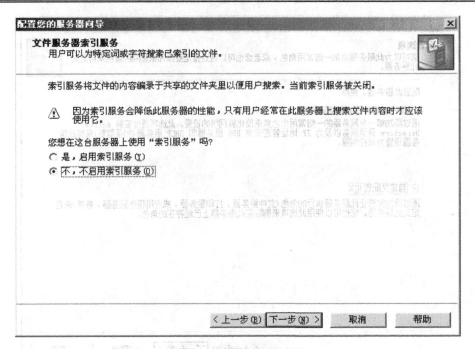

图 3-5-14　配置文件索引

（6）选择总结，如图 3-5-15 所示。

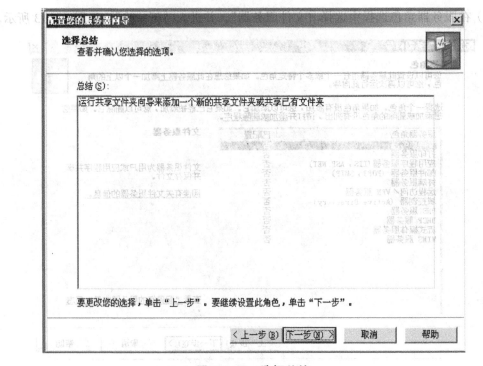

图 3-5-15　选择总结

（7）利用共享文件夹向导创建共享，如图 3-5-16 所示。

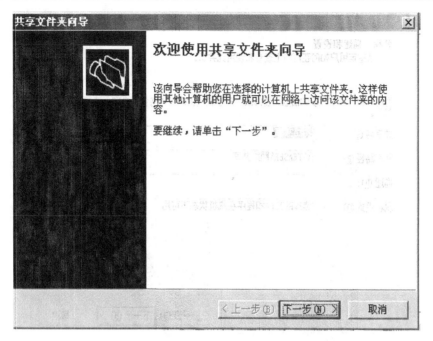

图 3-5-16　利用向导创建共享

（8）输入或选择要共享的文件夹路径，如图 3-5-17 所示。

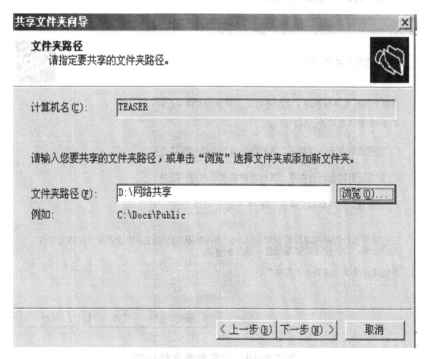

图 3-5-17　选择共享文件夹路径

（9）输入共享名及描述信息，如图 3-5-18 所示。

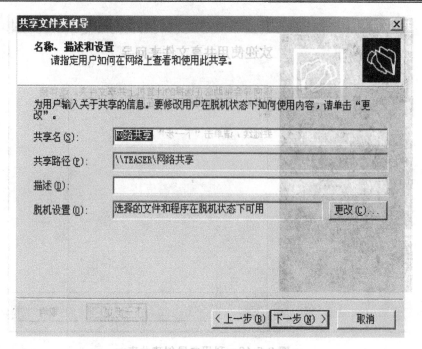

图 3-5-18　输入共享名及描述信息

（10）选择共享文件的权限，如图 3-5-19 所示。

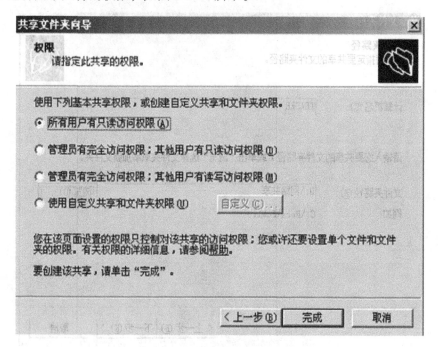

图 3-5-19　设置共享文件权限

（11）单击"关闭"按钮，完成文件共享设置，如图 3-5-20 所示。

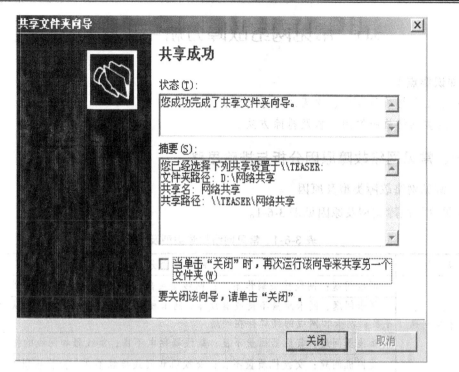

图 3-5-20　完成文件共享设置

（12）单击"完成"按钮，文件服务器创建结束，如图 3-5-21 所示。

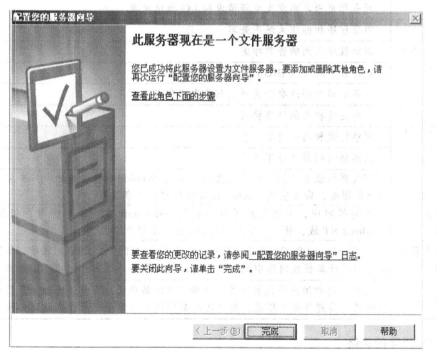

图 3-5-21　完成文件服务器配置

3.6　常见网络故障分析与排除方法

【知识要点】

➢ 常见网络故障类型、原因及排除思路；

➢ 典型网络故障原因分析及排除方法。

一、常见网络故障原因分析与排除思路

1. 常见网络故障类型及原因

常见网络故障类型及原因见表 3-6-1。

表 3-6-1　常见网络故障类型及原因

故障类型	故障原因分析
设备本身问题	网线问题：网线接头制作不良；网线接头部位或中间线路部位有断线
	网卡问题：网卡质量不良或有故障；网卡和主板 PCI 插槽没有插牢从而导致接触不良；网卡和网线的接口存在问题
	集线器问题：集线器质量不良；集线器供电不良；集线器和网线的接口接触不良
	交换机问题：交换机质量不良；交换机和网线接触不良；交换机供电不良
设备之间问题	网卡和网卡之间发生中断请求和 I/O 地址冲突
	网卡和显卡之间发生中断请求和 I/O 地址冲突
	网卡和声卡之间发生中断请求和 I/O 地址冲突
设备驱动程序方面的问题	驱动程序和操作系统不兼容
	驱动程序之间的资源冲突
	驱动程序和主板 BIOS 程序不兼容
	设备驱动程序没有安装好引起设备不能够正常工作
网络协议方面的问题	没有安装相关的网络协议
	网络协议和网卡绑定不当
	网络协议的具体设置不当
相关网络服务方面的问题	相关网络服务方面的问题主要指的是在 Windows 操作系统中共享文件和打印机方面的服务，即要安装 Microsoft 文件和打印共享服务
网络用户方面的问题	在对等网中，只需使用系统默认的 Microsoft 友好登录即可，但是若要登录 Windows NT 域，就需要安装 Microsoft 网络用户
网络表示方面的问题	在 Windows 98、2000 和 XP 中，甚至是在 NT 或者 2000 的域中，如果没有正确设置用户计算机在网络中的网络标识，很可能会导致用户之间不能够相互访问
其他问题	这些问题和用户的设置无关，但和用户的某些操作有关，例如大量用户访问网络会造成网络拥挤甚至阻塞，用户使用某些网络密集型程序造成的网络阻塞

2. 故障排除的思路

具体排除思路是：先询问、观察故障时间和原因，然后动手检查硬件和软件设置，动手（观察和检查）则要遵循先外（网间连线）后内（单机内部），先硬（硬件）后软（软件）。

由于目前使用星型网络的情况最多，在此以星型网络为例介绍网络故障的排除思路。具体来说，排除网络故障时应该按照以下顺序进行。

（1）询问。

应该询问用户最后一次网络正常的时间，从上次正常到这次故障之间机器的硬件和软件都有过什么变化，进行过哪些操作，是否是由于用户的操作不当引起网络故障，根据这些信息快速地判断故障的可能所在。因为有很多的网络问题实际上和网络硬件本身没有什么关系，大多数是由于网络用户对计算机进行误操作造成的。用户极有可能安装了会引起问题的软件、误删除了重要文件或改动了计算机的设置，这些都很有可能引起网络故障，对于这些故障只需进行一些简单的设置或者恢复工作即可解决。如果网络中有硬件设备被动过，就需要检查被动过的硬件设备。例如，若网线被换过，就需要检查网线类型是否正确，PC 到 HUB 或交换机应使用直通线，而不是使用交叉线或反转线。

（2）检查。

上述询问工作完成后，就需要进行相关事项的检查，检查验证网络的物理设备是否工作正常。

① 首先要检查共同的通道，如表 3-6-2 所示。

表 3-6-2　IRQ 号与设备对应表

IRQ 号码	设备类型
00	系统计时器
01	键盘
02	可编程中断控制器
03	通信端口 2 或 4
04	通信端口 1 或 3
05	打印机端口 2（LPT2）或开放
06	软盘控制器
07	打印机端口 1（LPT1）
08	实时时钟
09	从 IRQ 重定向或开放
10	开放
11	开放
12	PS/2 标准端口或开放
13	算术协处理器
14	IDE 硬盘驱动器控制器
15	IDE 硬盘驱动器控制器或开放

② 如果检查了网络的物理层后没有发现问题，接下来就要进行网络数据链路层的检查。

③ 如果检查了网络数据链路层后没有发现问题，接下来就需要检查网络层和传输层。

④ 如果目的计算机能 Ping 通，但是网络应用层的程序却不能连通，则需要检查防火墙的参数设置与加载的设置是否正确，还需要检查相关网络应用程序的参数设置是否正确，如图 3-6-1 所示。

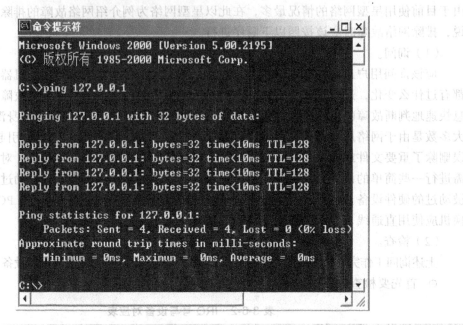

图 3-6-1　计算机 Ping 通后显示画面

3. 常用工具与命令

（1）常用工具。

网络故障检测的常用工具有万用表和网络电缆测试仪两种。万用表可以用来检测网络电缆是否连通。网络电缆测试仪在检测网络电缆的连通性方面更为专业，也更为方便快捷。

（2）常用命令。

① 命令名称：Ping。

功能：该命令主要用于测试本地计算机、本计算机机与内网其他计算机、本地计算机与外网计算机之间是否连通，网络参数是否配置正确。

用法：

Ping[-t] [a] [-n count] [-I size] [-f] [-I TTL] [-v TOS] [-r count] [-s count] [[-j host-list] | [-k host-list]] [-w timeout]

参数：

-t——用当前主机不断向目的主机发送数据包。

-n count——指定 ping 的次数。

-I size——指定发送数据包的大小。

-w timeout——指定超时时间的间隔（单位：ms，默认为 1000）。

② 命令名称：Ipconfig。

功能：Ipconfig 用于显示和修改 IP 协议的配置信息。它适用于 Windows 9x/NT/2000，但命令格式稍有不同。下面以 Windows 2000 为例简要介绍。

用法：

ipconfig [/all |/release [adapter] |/renew [adapter]]

参数：

/all——显示所有的配置信息。

/release——释放指定适配器的 IP。

/renew——更新指定适配器的 IP。

③　命令名称：Tracert。

功能：Tracert 用于跟踪路径，即可记录从本地至目的主机所经过的路径，以及到达时间。利用它，可以确切地知道究竟在本地到目的地之间的哪一环节上发生了故障。

用法：

tracert[-d] [-h maximum_hops] [-j hostlist] [-w timeout]

参数：

-d——不解析主机名。

-w timeout——设置超时时间（单位：ms）。

④　命令名称：Netstat。

功能：Netstat 程序可以帮助用户了解网络的整体使用情况。

用法：

netstat [-a] [-e] [-n] [-s] [-p proto] [-r] [interval]

参数：

-a——显示主机的所有连接和监听端口信息。

-e——显示以太网统计信息。

-n——以数据表格显示地址端口。

-p proto——显示特定协议的具体使用信息。

-r——显示本机路由表的内容。

-s——显示每个协议的使用状态（包括 TCP、UDP、IP）。

interval——刷新显示的时间间隔（单位：ms）。

二、典型网络故障原因分析及排除方法

1. 组网过程中的常见故障

（1）故障现象：网卡和其他设备冲突，导致不能正常工作。

故障分析：在组网过程中经常会遇到安装到系统中的网卡不能够正常工作，有时甚至不能启动计算机。这种故障现象一般是由于网卡的驱动程序没有安装好，导致网卡和系统中的其他设备发生中断冲突。这种现象最容易发生在一台安装了两块以上网卡的计算机上，而网卡又最容易和显卡、声卡、内置式调制解调器甚至是网卡发生资源冲突。当然这种现象也很有可能是由于网卡和主板的插槽没有插牢，导致接触不良，从而使得网卡无法正常工作。还有一种可能就是网卡的驱动程序或者网卡坏了，这种情况虽不大可能发生，但也不是没有，所以一般别的故障原因都排除了再考虑这一因素。

解决方法：

①　首先将计算机中的其他板卡，如声卡、内置调制解调器等设备拔掉，只保留显卡和网卡，然后重新启动计算机。进入操作系统以后，首先安装网卡的驱动程序，然后再安装显

卡的驱动程序，如果一切正常，则说明网卡和显卡之间的冲突已经解决。一般情况下，先安装网卡驱动后安装其他板卡的驱动，就能够解决网卡和其他板卡的冲突问题。

② 如果解决不了，还有一个办法就是在 CMOS 中的 PnP/PCI Confignrations 页面中将 Resources Controlled By 选项的值由 Manual 改为 Auto，同时将系统中不存在的设备的设置值改为 Disabled（禁用）即可，此后重新安装网卡驱动程序，一般都能够解决设备冲突问题。

③ 如果以上办法都不行，最后只剩下一种可能情况，就是网卡的驱动程序不良或者网卡本身有问题，此时建议更换网卡。验证办法是，将此网卡安装到局域网中另外一台计算机中查看能否正常工作，如果不行则证明网卡确实有问题，可以毫不犹豫地将其换掉。

（2）故障现象：网络不通，看不到网上邻居，或者查看网络邻居时提示"无法访问网络"。

故障分析：一般出现这种故障现象的原因有以下几种情况：网线不良或者没有插好；网卡安装不正确；网络属性没有设置好。

解决方法：首先检查网线是否良好，接头是否安插到位。先检查网线的接触状况，主要指的是网线和计算机网卡的接触情况以及网线和集线器接口的接触状况。

步骤 1：首先检查网线和计算机网卡的接触情况，然后检查网线和集线器接口的接触状况。如果接插部位接触良好，将网线拆下来检查网线的类型对不对，如果是双机跳接线，请将其更换为直连线。

步骤 2：具体检查网线的物理状况。

步骤 3：进入操作系统检查网卡的安装状况。看看"网络适配器"选项前面是否有黄色的惊叹号，如图 3-6-2 所示。

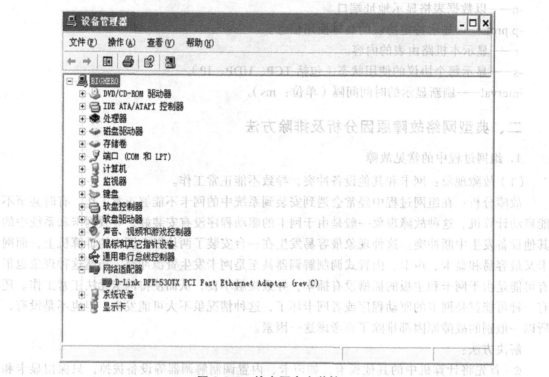

图 3-6-2　检查网卡安装情况

步骤 4：如果网卡安装正确，接下来检查网络属性的设置情况，一般在局域网中需要给每台计算机一个确定的且各不相同的网络 IP 地址和网络标识。如果没有给计算机设置明确的 IP 地址和网络标识，也会导致看不到网上邻居。具体检查方法如下：

① 检查网络标识。在桌面上右击"我的电脑"图标，在弹出的快捷菜单中单击"属性"命令，打开"系统属性"对话框，单击打开"计算机名"选项卡。

② 在"计算机名"选项卡中单击"更改"按钮，打开"计算机名称更改"对话框，在该对话框中查看计算机的网络标识，如果指定的"域"或者"工作组"名称正确，则完成确认工作。

③ 检查网络 IP 地址的设置状况。在桌面上右击"网上邻居"图标，在弹出的快捷菜单中单击"属性"命令，打开"网络连接"窗口，右击"本地连接"选项，在弹出的菜单上单击"属性"命令，弹出"本地连接属性"对话框。

④ 在对话框中单击"Internet 协议（TCP/IP）"选项，然后单击"属性"按钮，打开"Internet 协议（TCP/IP）属性"对话框。在其中确认网络 IP 地址是否被正确设置，如果没有请将其正确设置。经过以上检查步骤，故障一般都能够排除。

（3）故障现象：用户无法登录到 Windows 2000 域中。

故障分析：这种现象一般在新手组建局域网时经常出现，造成这种故障现象的原因有多种。例如用户在服务器中没有创建相应客户机的登录账户和密码；客户机没有加入到域环境中；网络连接不正常；服务器工作状况不良等。

解决方法：一般情况下，在局域网中创建域服务器后一般都会给客户机创建相应的登录账户，也会将客户机一端加入域环境中，所以出现此类故障时，前两种原因的可能性比较小，除非有人将客户机一端从"域"改动到"工作组"，或者将客户机的登录账号删除了，否则不会由于前两种原因导致此故障的发生。但是为了保险起见，最好检查一下服务器和客户机的设置情况。首先，检查网络的连接状况，查看网络连接是否正常，然后检查服务器的工作状况。

（4）故障现象：用户登录时发生 IP 地址冲突现象。

故障分析：一般这种故障都是由于手动为局域网中的用户分配 IP 地址资源时发生重复而导致的。

解决方法：一般有两种方法可以解决这个问题。一种是将局域网中的 IP 地址重新进行规划，为所有的资源分配 IP 地址。但是这种方法的缺点是静态划分 IP 地址，不能够适应局域网中资源的动态变化，当局域网中增加设备时，还会引发冲突。另一种解决方法是动态划分 IP 地址。在域控制器上架设 DHCP（动态主机配置协议）。DHCP 服务器为局域网中的各种设备动态地分配 IP 地址，并对已经分配的地址进行保留，有效地避免了资源冲突。

2. 局域网使用过程中的常见故障

（1）故障现象：用户在网络上可以看到其他用户，但是却无法访问它们的共享资源。

故障分析：导致这种故障通常有以下几方面的原因：用户的计算机网络连接属性中的文件和打印共享服务没有安装；用户的资源共享设置不正确；网络连接有问题。

解决方法：首先检查用户计算机中的网络连接属性中的文件和打印共享服务有没有安装。方法如下：

①双击"控制面板"窗口中的"网络连接"图标,在打开的"网络连接"窗口中右击本地连接,在弹出的菜单中选择"属性"选项,打开"本地连接 属性"对话框。

②在"本地连接 属性"对话框中查看有没有"Microsoft 网络的文件和打印机共享"选项,如果没有,说明此项服务没有安装,请将它安装上去,方法是单击对话框中的"安装"按钮,在弹出的"选择网络组件类型"对话框中选择"服务"选项。

③单击"添加"按钮,在弹出的"选择网络服务"对话框中选择"Microsoft 网络的文件和打印机共享服务"选项,单击"确定"按钮,即可完成添加 Microsoft 文件和打印机共享服务。

④如果 Microsoft 文件和打印机共享服务已经安装好了,接下来查看是否所有的协议都绑定了 Microsoft 文件和打印机共享服务。双击"控制面板"窗口中的"网络连接"图标,在打开的"网络连接"窗口中单击"高级"菜单中的"高级设置"选项。

⑤在打开的"高级设置"对话框中,查看网络连接,例如"本地连接",在"高级设置"对话框的"本地连接 的绑定"列表中,列出了与本地连接绑定的客户端程序、服务以及与客户端程序和服务绑定的各种通信协议,查看这些绑定项目的复选框有没有被选定,如果没有被选定,请将绑定项目前面的复选框选中。

⑥最后检查网络连接有没有问题。

（2）故障现象:不能共享网络打印机。

故障分析:不能共享网络打印机大致有以下几方面的原因:网络连接有问题;没有正确安装及设置文件和打印机共享服务;没有正确安装网络打印机驱动程序;网络管理权限的因素。

解决方法:首先检查用户端是否安装了网络打印机的驱动程序,方法是双击桌面上的"网上邻居"图标,在打开的"网上邻居"窗口中,单击左侧的"打印机和传真"选项,然后在打开的"打印机和传真"窗口中检查有没有安装好的网络打印机。如果没有请安装网络打印机;如果安装好了,还要激活它,将它设置为"默认首选打印机",方法是右击网络打印机,在弹出的菜单中选择"设为默认打印机"选项即可。

如果打印机驱动程序安装及设置正常,接下来要检查有没有正确安装和配置文件和打印机共享服务。检查和安装方法参见上一故障的排除方法。

如果以上都没有查出问题,接下来要检查网络连接状况,查看网络打印机是否打开,是否连接在网络上,打印服务器是否打开,工作是否正常。

这些情况都检查后,基本都可以将故障排除。如果故障还得不到解决,就需要检查用户使用网络打印机的权限,如使用网络打印机的时段、能否访问及使用打印机的用户等情况。因为如果用户在非工作时间或者非使用权限时间来使用网络打印机也会造成无法共享网络打印机的"假故障"现象发生。

（3）故障现象:无法连接到 Internet。

故障分析:导致这种故障的原因有以下几方面:局域网的问题;代理服务器的问题;Internet 连接的问题。

解决方法:首先检查局域网是否连通,如果局域网没有连通,就根本无法进行 Internet 连接共享。局域网是否连通,主要检查网线、网卡、集线器的连接状况,用户的 TCP/IP 协议配置状况,用户是否登录到域中等。如果是由于局域网不通导致的无法上网,在解决了局域网的连通问题后即可实现上网。

如果局域网工作正常，各台计算机相互连通正常，接下来检查局域网中的代理服务器是否正确配置，是否工作正常。同时还要检查局域网中的用户身份是否已经被代理服务器正确识别，如果用户身份没有被正确识别，用户也就无法通过代理服务器来共享 Internet。这些主要是通过针对 Active Directory 和 DHCP 服务器的设置进行解决。

如果代理服务器设置无误，工作正常，接下来要检查局域网的 Internet 连接，如 Modem、ISDN、ADSL 等设备的连接状况，如果这些连接出现问题，整个局域网的用户都无法连接到 Internet，一般只需检查是不是连接设置方面出了问题。如果是连接设置方面出了问题，请将 Internet 连接进行正确设置。一般经过以上几步检查都可以将故障排除。

（4）故障现象：在使用过程中网络速度突然变慢。

故障分析：以下几方面原因可以导致网络速度突然变慢：网络中的设备出现故障；网络通信量突然加大；网络中存在病毒。

解决方法：首先检查是否是因为网络通信量的激增导致了网络阻塞，是否同时有很多用户在发送传输大量的数据，或者是网络中用户的某些程序在用户不经意的情况下发送了大量的广播数据到网络上。对于这种现象，只能尽量避免局域网中的用户同时或长时间地发送和接收大批量的数据，否则就会造成局域网中的广播风暴，导致局域网出现阻塞。

如果上述现象没有发生，接下来需要检查网络中是否存在设备故障。设备故障造成局域网速度变慢主要有两种情况，一种是设备不能够正常工作，导致访问中断；另一种是设备出现故障后由于得不到响应而不断向网络中发送大量的请求数据，从而造成网络阻塞，甚至网络瘫痪。遇到这种情况，只有及时对故障设备进行维修或者更换，才能彻底解决故障根源。

如果网络设备工作正常，那么极有可能是病毒造成的网络速度下降，严重时甚至造成网络阻塞和瘫痪。例如计算机中的蠕虫病毒，受感染的计算机会通过网络发送大量数据，从而导致网络瘫痪。如果网络中存在病毒，请用专门的杀毒软件对网络中的计算机进行彻底杀毒。

参考文献

[1]　陈锦琪. 音响设备原理与技能训练[M]. 北京：中国劳动社会保障出版社，2004.

[2]　罗世伟. 视频监控系统原理及维护[M]. 北京：电子工业出版社，2007.

[3]　汪双项. 网络组建与维护技术[M]. 2 版. 北京：人民邮电出版社，2014.

[4]　陈学平. 网络组建与维护[M]. 北京：电子工业出版社，2012.

[5]　王公儒. 综合布线工程实用技术[M]. 北京：中国铁道出版社，2011.

[6]　杨继萍. Visio 2007 图形设计标准教程[M]. 北京：清华大学出版社，2010.